阅

阅读成就思想……

Read to Achieve

极简应用心理学系列

MAKING SENSE OF PEOPLE

The Science of Personality Differences

极简个性心理学

破解人格基因

2nd Edition 第2版

[美] 塞缪尔·巴伦德斯 Samuel Barondes ◎ 著 黄珏苹 ◎ 译

中国人民大学出版社

· 北京 ·

图书在版编目（CIP）数据

极简个性心理学：破解人格基因 /（美）塞缪尔·巴伦德斯（Samuel Barondes）著；黄珏苹译 . -- 北京：中国人民大学出版社，2017.2

书名原文：Making Sense of People:The Science of Personality Differences

ISBN 978-7-300-23775-6

Ⅰ . ①极… Ⅱ . ①塞… ②黄… Ⅲ . ①人格心理学—研究 Ⅳ . ① B848

中国版本图书馆 CIP 数据核字（2016）第 312504 号

极简个性心理学：破解人格基因

【美】塞缪尔·巴伦德斯（Samuel Barondes） 著

黄珏苹 译

Jijian Gexing Xinlixue: Pojie Renge Jiyin

出版发行	中国人民大学出版社		
社　　址	北京中关村大街 31 号	**邮政编码**	100080
电　　话	010-62511242（总编室）		010-62511770（质管部）
	010-82501766（邮购部）		010-62514148（门市部）
	010-62515195（发行公司）		010-62515275（盗版举报）
网　　址	http://www.crup.com.cn		
	http://www.ttrnet.com（人大教研网）		
经　　销	新华书店		
印　　刷	北京联兴盛业印刷股份有限公司		
规　　格	148mm × 210mm　32 开本	**版　　次**	2017 年 2 月第 1 版
印　　张	5.375　插页 2	**印　　次**	2018 年 6 月第 4 次印刷
字　　数	106 000	**定　　价**	45.00 元

每个人在某些方面

（1）类似于所有人，

（2）类似于某些人，

（3）和任何人都不像。

——克莱德·克拉克洪（Clyde Kluckhohn）和亨利·莫里（Henry A. Murray）

序言　解读人格的实用工具

2001 年，小布什在会见普京之后，首次发表了他对这个俄罗斯人个性的印象，这段话很有名：

> 我注视着这个人的眼睛。我发现他非常坦率直接、值得信赖，我们进行了友好的对话。我能感知到他的灵魂。

小布什对普京的评价，即“坦率直接、值得信赖”，引发了各种各样的解释。有些人从字面上理解，安心地认为两位世界领导人相处得很好。有些人觉得小布什被这位前克格勃欺骗了，对他的轻信感到紧张。还有些人根本不理会这套说辞，认为那只是政客为了缓和与敌对方的关系而说的客套话。

几年后，小布什表明他所说的那番话是真心实意的。2010年，在小布什为其回忆录《抉择时刻》（*Decision Points*）做巡回推广期间，美国著名脱口秀主持人休·伊特（Hugh Hewitt）直接对他提出了这个问题。小布什这样解释道：

> 我那样说是因为，我记得他动情地谈到了自己的妈妈和她给的十字架，那个十字架在耶路撒冷开过光。在写这本书之前没人知道这些事，我从没解释过为什么会那样说。

不过，小布什也看到了普京不同的一面，这些评价出现在他退下总统职位后所做的描述中。相对于较早的评价，这段描述没有把普京说成是“坦率直接、值得信赖”的，而是认为普京面无表情，令人难以捉摸，阴险可怕，其说话的语气中透着对人的愤怒、轻蔑和厌恶。

小布什为什么会对这位俄罗斯领导人产生这种阴暗的看法？这是否基于他对普京在国际舞台上的所作所为做出的反思？

尽管答案有可能是这样，但小布什给出的答案更加个人化——这与普京轻视小布什宠爱的小狗巴尼有关。普京曾两次取笑巴尼柔弱和娇小的体型，认为它比不上他的爱犬库尼。因此，小布什显然把普京描绘得像取笑他宠物的人。正如小布什 2014 年在《NBC 今日秀》（*NBC Today Show*）中所解释的：

> 哇，任何认为“我的狗比你的狗大”的人都是有趣的人。这幅画多少能反映出一些。

当然，那幅画不仅反映了“一个有趣的人”，还反映了小布什在画布上所表达的内容和用言语所表达的内容之间的差异。

并非只有小布什是这样。很多人都发现，自己很难清楚地表达对人格的看法，这些不仅包括对其他人的看法，还包括对自己的看法。我们考虑的东西很多，但很难将头脑中的所思所想转化为有用的语言描述。

然而，我们可以学着做得更好。用语言做出精确的描绘就像用油彩或颜料画画一样可以后天学习，而我们所需要的是好老师和用功的学生。

在这本书的第 1 版中，我逐步解释了如何用语言更好地描绘人格的方法，这些方法基于我对心理学与精神病学几十年的研究。我将四种思考人格的方式结合起来，它为我们呈现了来自四个角度的信息是如何被汇总成每个丰富而复杂的独特个体写照。

很多读者觉得这种方法很有用，但有些读者觉得很难将不同的部分整合起来。他们需要更实用的工具，让其适用于日常生活。简单来说，他们需要更多的“怎么做”。

第 2 版在设计时考虑到这些读者。我做出的一个重大改变就是在每章结尾处增加了“实用总结”，这部分不仅讨论并解释了有关实际应用的问题，而且还探讨了存在的一些误解和矛盾。我的目的不仅是提供更多的“怎么做”，还提供更多的“为什么会如此”。在最后一章的结尾，我总结了将四个方面的信息汇总成完整描绘的益处。

为了让这本书更有价值，我希望你在自己的生活中选出一个人（我称之为“P 某人”），在看这本书时脑子里想着这个人，反复将书中的内容与这个人联系起来，这将有助于你看到将部分整合为整体的各个方面。为了提醒你这样做，我会在每段实用总结的结尾提出与P某人有关的问题。

实用总结

从P某人开始

为了给探讨P某人做准备，以下是我们现在需要采取的步骤。

1. 选出一个你与之共处多年的人，这个人最好不小于25岁。一定要认真地做出选择，因为他/她会伴随你的整个阅读过程。

2. 回想你第一次见到P某人的情景以及你们共同经历的一些重要事件，仔细思考并留意在你头脑中形成了P某人怎样的性格特点。

3. 现在，用你认为合适的词语、短语、句子或段落来描述P某人的人格，把你的描述记录在纸上或电子设备上，一旦完成就不要再修改它。当你读完本书时，它可以让你想起自己的起点是什么。在阅读每一章时，你也可以单独记录一些对P某人人格的看法。

4. 如果你对自己的描述感到满意（描述的长度可长可短），就请继续读下去。

前言　当只靠直觉不够时

我们每个人都是人格专家。从孩童时起，我们就开始关注身边的人各有特色的存在方式，试图预期他们的行为，并依靠这些信息与其相处。

我们天生就能揣度他人，这是我们拥有的奇妙天赋。借助它，我们会对每个遇到的人的人格形成即时的印象。我们对人的大多数评价就是以这种自动化、无意识的方式形成的。

不过有时，我们需要对某人的人格进行有意识、系统化的细致探究。例如，我们可能想知道老板的什么特质使我们避之不及；我们可能想了解为什么不喜欢自己女儿的男朋友；我们可能想判断自己正约会的人是否能成为终身伴侣。

这时，情况就变得复杂了。情况之所以复杂，主要是因为很少有人受过系统化的人格评估训练。相反，我们受到互相矛盾的宗教、道德、文学和心理学观点大杂烩般的轮番轰炸，这些观点很难被有序地运用。想象一下，如果我们在如何计算方面总是得到互相矛盾的指导，那么就连简单的算术也会令人纠结。没人教我们条理清晰的人格算术，我们却被期望能做到了解他人。

教育的缺失可能是使我们犯下一些重大错误的原因，它会导致我们选错伴侣，从事不适合自己的工作，误导我们的孩子；会导致我们误解同事的意图，产生不恰当的防御、抱怨或攻击行为；会妨碍我们与他人建立令人满意的关系，妨碍我们得体地避免冲突，妨碍我们制订反击计划以维护自己的利益。

我在这本书中提供了思考人格的方法，它有助于你避免犯这些错误。这本书基于我几十年的研究，每章都有助于你对某人已有的数据进行汇总，开始注意到以前可能被你忽略的特征，整理这些信息会让你进一步了解他人以及与他们的关系。

在开始阅读之前，我会告诉你如何将两组词汇结合起来，专业人士会用这两组词汇来设计他们的观察。一组词汇将人格分解成5种有明确定义的倾向，比如尽责性和宜人性，每种倾向又包含一些构成部分，这组定义明确的词汇使考量人格变得更容易。

另一组词汇将注意力从这些倾向转向了10种有问题的行为模式，比如强迫行为或偏执。能够正常工作生活的人也可能存在这类轻微的行为模式，但有些人的这类行为模式缺乏灵活性和适应性，这往往会给他们自己和周围人带来痛苦。与其他人不同，这类人成了人格的囚徒，被封锁在自己似乎无法逃脱的存在方式中。

将这两组易于学习的词汇结合起来，不仅有助于你更好地评估遇到的每个人，而且能够让你思考为什么人们会如此地不同。在本书的第二部分，我将描述大脑回路的发展，这些回路控制着人格倾向与模式的独特组合。我还将告诉你们，与出身有关的因素对构建大脑回路几十年的发展过程影响重大。这就是我们与生俱来的特定基因以及我们碰巧生活在其中的特定环境。

不过，人格的内容比倾向和模式更丰富。在本书的第三部分，我将转向给予人们人生意义的价值与目标。为了让这个观点有理有据，我将告诉你如何用普适价值以及文化所特有的道德标准来评估人格中被称为“品质”的那方面。我还会鼓励你留意人们对自己个人经历和未来计划的描述，这有助于你了解他们支持什么以及他们的身份认同感。

将所有这些关于人格倾向、模式、品质和身份的信息有系统地组织起来，有助于你对他人的认知，可能还会影响你与他们交往的方式。有时，这些会使你不去理会他们恼人的癖好，而是采取宽容和同情的态度；有时，这些会对你发出危险警告，让你采取相应的防护措施；有时，这些会使你对温暖的爱与尊重敞开心扉。在任何情况下，它们都能提升你对人类多样性的理解。就像那些非常懂酒、懂音乐或懂棒球的人一样，无论你是否喜欢他们，他们对细节的用心关注会增加你的乐趣，增加你了解他人、与他人相处的乐趣。

综上，这便是我撰写本书的主要目的。

目　录

第一部分

描述人格差异

Making Sense of People

是非之心，智之端也。

——《孟子·公孙丑上》

第 1 章　人格特质

上高中时，我报名参加办一份学生报纸。为了帮助我起步，指导我的编辑提供了一些关于如何写报道的一般性建议。他说我应该确保回答五个问题，即发生了什么（what）、涉及谁（who）、什么时间（when）、什么地点（where）以及为什么（why）。他说，这五个 W 被用来检查报道的完整性，因为新手有时候会遗漏一个或多个 W。然后他说，我不会长期总想着这五个 W 的，因为渐渐地，回答这些问题是凭直觉就会去做的事。

记者在揣度人的时候也会借助直觉。经过多年练习，他们形成了一套识别不同人格特质的诀窍，并且能找到描述这些人格特质的词汇。有的记者特别有天赋，他们可以只用一段文字就把某人的人格描绘出来。下面就是乔·克莱恩（Joe Klein）对一位美国政客的人格描述：

> 他的公众形象总是具有生理层面的，几乎都与肉欲有关。他会拥抱听众，听众的反应也同样让他兴奋。在宣扬他的政

> 治理念时，他会把他的声调发挥到极致，似乎总能感知到听众需要什么，并给予他们需要的东西——有针对性地自我包装与推销，投其所好，目的永远是取悦听众。这也是他在私人会面中最有效、最令人疯狂的特质之一：他总能抓住双方的共同点，绕开比较大的分歧，无论何时，他都能给追随者留下如此鲜明的印象，即他们似乎在所有事情上都能达到完美与和谐。他极度渴求关注，明显具有高胆固醇的特质，他拥有的复杂而丰富的人格魅力似乎令公众着迷。尽管他试图塑形，并为此每天坚持慢跑几英里[①]，直至跑到两腿发软，但他依然是个瘦不下来的胖子。他爱吃垃圾食品上瘾是出了名的。他是众所周知的好色之徒。所有这些特性都集于他一人之身。

可见，克莱恩只使用了几个引发想象的词就突显出所描绘对象的主要特点：肉欲的、极度渴求关注的、杂乱的、令人疯狂的、胖子、上瘾和好色之徒。为了让描述更丰满，他使用了一些短语，比如“非常富有魅力的发声系统”“高胆固醇的特质”和“目的永远是取悦”。当找不到简单的词或短语来描述他认为特别能表述本质的事情时，他编造了一个句子：“他总能抓住双方的共同点，绕开比较大的分歧，给追随者都能留下如此鲜明的印象，即他们似乎在所有事情上都能达到完美与和谐。”通过使用每个人都能理解的词和短语，克莱恩让我们对一位不寻常的公众人物——美国前

① 1 英里 =1.6093 千米。——译者注

总统比尔·克林顿的人格有了更多的了解。

当然，以上这些词语和短语都是批评性的。有些人虽然极度渴求关注，但他们既不是肉欲的，也不是好色之徒。他们中有些人可能也具有非常富有魅力的发声系统，但这个系统既不是杂乱的，也不令人疯狂。正如克莱恩所指出的，他的描述之所以这么一目了然，是因为“所有这些特性集于一人之身”。

克莱恩是如何做到的？他是否凭直觉问了自己一系列问题，这些问题的答案对他来说就像五 W 一样显而易见吗？他是否遗漏了某些重要的事情？我们是否能学会如何让我们对他人的描述更准确、更完整？

来自字典的词汇

一种描述人格的简单方法始于 20 世纪 30 年代哈佛大学心理学教授戈登·奥尔波特（Gordon Allport）。奥尔波特很清楚每个个体具有的独特性，他也知道将复杂系统分解为简单组成部分的科学起源。就像通过分辨数量有限的元素来了解多种多样的化合物一样，了解多种多样的人格取决于分辨数量有限的关键组成部分。这些组成部分究竟是什么呢？

奥尔波特的答案是“特质”，即以某种方式行动、思考和感知的持久倾向，并用所有人类语言中能够找到的词汇描述出来。就像化学元素碳和氢可以与其他许多元素结合，构成无穷无尽的复杂物质一样，开朗、可信赖等特质也可以与其他许多特质结合，构成无数复杂的人格。我们到底有多少特质呢？奥尔波特如何解决这个问题呢？

为了解答这个问题，奥尔波特和他的同事奥德伯特（H.S. Odbert）从《韦伯新国际辞典》（*Webster's New International Dictionary*）上选取了一些关于人格的词汇。通过分析这个词汇清单，他们希望找到人格的基本构成要素，对于发明了很多描述人格的词汇的祖先来说，这些构成要素是显而易见的。奥尔波特和奥德伯特没有凭空编造出一张人格特质清单，而是依据无数代人积累而成的语言所制造的产物，正如辞典中记录的那样。

很快，他们发现这类词汇多到没法处理。“将一个人的行为与其他人的行为区分开”的词汇清单多达 17 953 个。面对如此庞大的数字，他们采用了几条标准来削减词汇清单。首先，他们削减了大约三分之一的词汇，比如“有魅力的”，因为这些词被认为是评价性的，并非本质性的，“当我们说一位女士富有魅力时，我们讨论的并不是她内在的性格，而是她对其他人的影响”。另外四分之一的词汇也被削减了，因为它们描述的是暂时的心理状态，而不是界定人格特质的持久倾向，比如“狂乱的”和“欣喜的”。还有一些词因为描述模棱两可而被删除。最后，大约有 4 500 个词达到了描述稳定特质的标准。

这并不意味着人格有 4 500 个不同的构成要素，清单中的很多词一看就是同义词，例如“开朗”和“好交际”可以相互替换。此外，反义词“孤僻的”描述的是同一类行为，只不过是相对的一端。我们可以不说“孤僻的”，而说“不开朗”或“不好交际”。

自然语言的一个优点是非常适合对某个人格构成要素进行等级化的描述，词汇从“极度开朗”的一端到“极度孤僻”的一端，中间还有表示不同程度的词汇。简而言之，逐渐创造出语言的人类祖先给我们留下了很多描述人格构成要素的词汇。

既然“开朗的”和“孤僻的”指的是同一特质的不同方面，那么其他还有多少词也属于这一类？当我在同义词与反义词词典中查看“开朗的”一词时，我发现了这些同义词，比如“合群的、好交往的、欢乐的、友好的、快活的”。当我查“孤僻的”一词时，我发现了这些同义词，比如“不善社交的、孤单的、孤独的、隐退的、没有朋友的”。这让我意识到，编撰同义词与反义词词典的专家们认为这些词都可以被归为一类，这类词可以被贴上“开朗—孤僻”的标签。不用说，这类词中的每个词都有自己的特殊导向。例如“孤僻”“孤独”和“隐退”的意思并不完全一样，乔・克莱恩这样的作家可能会仔细揣摩，从中选出一个合适的词。但我们都知道，这些词有很多共同之处。对于像奥尔波特这样的心理学家来说，它们指的都是同一个总括性的人格特质。

超越同义词和反义词

这是否意味着从字典上拉个清单，然后借助同义词和反义词词典把同义词与反义词汇总在一起，我们就可以找到人格的基本组成部分了？我们可以把人格的命名建立在词典编纂者的分析基础上吗？或者我们是否可以采用更开源的方法，关注普通人用来描述人格的词汇？

心理学家的答案是“依靠两者”。首先，专业人士把清单上词汇的数量减少到可处理的程度，即大约 1 000 个词。然后，他们让普通人用这些词来描述他们自己或他们的熟人。为了了解他们是怎么做的，请用以下 10 个词来描述你很熟悉的人，用 1 到 7 的等级来表述你的看法，7 代表这个人的程度非常高，1 代表这个人的程度非常低，其他数字代表这个人的程度处于中间的某个位置。

1. 开朗　　1 2 3 4 5 6 7
2. 大胆　　1 2 3 4 5 6 7
3. 健谈　　1 2 3 4 5 6 7
4. 有活力　　1 2 3 4 5 6 7
5. 有魄力　　1 2 3 4 5 6 7
6. 可靠　　1 2 3 4 5 6 7
7. 实事求是　　1 2 3 4 5 6 7
8. 勤奋　　1 2 3 4 5 6 7
9. 有组织、有条理　　1 2 3 4 5 6 7
10. 细心　　1 2 3 4 5 6 7

我无法知道你选择了什么数字，但数字之间很可能存在这种典型的关系：你在前五项选的数字会比较类似，而且在后五项选的数字也会比较类似。我还可以很有信心地说，大多数人在评价他人“开朗”“大胆”“健谈”“有活力”和“有魄力”时，会选择类似的数字。对某人可靠性的评分会类似于对“实事求是”“勤奋”“有组织、有条理”和“细心”的评分。尽管这五个词之间没有同义词，但在某个项目上得到一定评分的人在其他项目上也会得到类似的评分。相比之下，前五项上的评分独立于后五项上的评分，说明这些非同义词在我们的头脑中被汇集在一起，每个词代表人格相关组成部分的某个方面。

其他词是否能与“开朗的”或“可靠的”归总在一起，从而充实这两大类别？如果人们用最初被削减后的 1 000 多个词进行评价，会发现多少种与此相似的其他类别？为了找到这些类别，我们需要什么统计技术？在列清单的过程中，奥尔波特为研究这些问题搭设了舞台。

捆绑在一起的特质

19 世纪，弗朗西斯·高尔顿（Francis Galton）发明了研究这些词语之间关系的统计技术。弗朗西斯·高尔顿是现代人格研究的鼻祖，后面你还会读到更多有关他的内容。这种技术被用来计算相关系数，该系数即介于 1.0 和 -1.0 之间的一个数，它测量的是相同程度（正相关）或相反程度（负相关）。尽管高尔顿是为了其他目的而发明出这种技术的，但他碰巧也对描述人格的词语归类感兴趣，他很开心认识到这一点。

为了对这种计算有所了解，让我们思考用 1 到 7 的等级来评价某人的开朗性、好交际性和合群性时所得到的正相关。当我们知道这些词是同义词后，会发现如果约翰给玛丽在“开朗”方面的评分为 6，那么他很可能在其他方面给她的评分也接近 6。如果他对简在“开朗”方面的评分为 4，那么他对简其他两方面的评分也差不多是 4。如果詹妮弗对吉姆在“开朗”方面的评分为 1，那么她对吉姆其他两方面的评分也差不多是 1。把这些分数插入高尔顿的公式，我们会发现其存在大量的同一性。

那么，在第一组由非同义词组成的五个词中（开朗、大胆、健谈、有活力、有魄力），我们能发现什么相关性？研究显示，这些词有紧密的相关性，但相关性不像同义词那么强。在第二组由非同义词组成的五个词中（实事求是、勤奋、有组织、有条理和细心），我们也能发现类似的正相关。当我们将第一组中某个词的评分（比如开朗）与第二组中某个词的评分（比如可靠）进行比较时，便会发现它们之间不具有相关性。我们不会感到吃惊，因为我们都知道开朗和可靠没有内在的关系。

确定 5 个或 10 个词的相关性比较容易，但确定 1 000 个词的相关性则会困难重重，这些困难直到研究者借助计算机才能解决。为了获得原始数据，研究者让成千上万的普通人用每个词来评价自己或他人，评分等级为 1 到 7。然后，用另一种更高级的统计技术——因素分析，来分析大批量的数据。因素分析能够测量每个词与其他所有词之间的相关性，并将相关性分成群组。这样，有些词被认为彼此之间高度相关，它们可以很好地代表某个特质群组，每个特质就是一种总体倾向。

20 世纪 80 年代早期，研究者得出了以下结论：描述性格特质的词汇可以被归结为 5 种倾向（见表 1—1），路易斯·戈德伯格（Lewis Goldberg）将其称之为大五人格。每种倾向被起了一个描述性的名称：外倾性（E，Extraversion）、宜人性（A，Agreeableness）、尽责性（C，Conscientiousness）、神经质（N，Neuroticism）和开放性（O，Openness）。如果你像我一样，一开始也记不住这些名称，你可以用 OCEAN（海洋）或 CANOE（独木舟）这样的首字母缩写来帮助你记忆，直到它们成为你的第二天性。

表 1—1　　大五人格：代表性词汇

	高	低
外倾对内倾	开朗、大胆、健谈、有活力、有魄力	孤僻、胆怯、沉默、含蓄、害羞
宜人对敌对	热情、友善、合作、信任他人、慷慨	冷淡、不友善、不合作、多疑、吝啬
尽责对无责任	可靠、实事求是、勤奋、有条理、细心	不可靠、不切实际、懒惰、杂乱无章、粗心大意
神经质对情绪稳定	紧张、不稳定、不满、暴躁、心神不定	放松、稳定、满足、沉着冷静、无忧无虑
开放对封闭	富于想象、好奇、反思、有创造力、老练	缺乏想象、不好奇、不反思、没有创造力、不谙世事

运用大五人格

大五人格被发现之后，它们成了评估人们在社交环境、物质环境互动方式上存在差异的基础。其中三种倾向——外倾性、宜人性和神经质，主要关系到与其他人的互动方式；而另外两种倾向——尽责性和开放性，则更全面、更普遍。

- **外倾性是主动交往他人的倾向。**社交世界会让外倾性高的人变得兴奋，他们喜欢成为注意力的中心，而且常常唱主角。他们还喜欢激动人心的事物，他们乐观、积极，充满活力，喜欢玩乐。外倾性低的人对人际交往不太感兴趣，含蓄而文静。但他们不太喜欢与人相处并不一定表示他们不喜欢别人，或是他们对社交感到焦虑或沮丧，他们只是更喜欢独处。

- **宜人性是与利他、合作和好性格有关的倾向。**宜人性高的人体贴入微，富有同情心，乐于助人，愿意做出让步。他们真心喜欢他人，认为每个人都是正派的、值得信任的。宜人性低的人更自利，而不是利他；他们倾向于竞争，而不是合作；他们更有可能怀疑他人的意图。他们还比较冷淡、敌对，不尊重他人的权利。
- **尽责性是控制冲动和坚持追求目标的倾向。**尽责性高的人有条理、可靠、勤奋、利索、守时。他们会提前制订计划，把事情考虑透彻。他们对长期目标比对短期目标更感兴趣。尽责性低的人比较冲动，不太受约束，比较缺乏责任心，不以成就为导向。尽管人们的尽责性主要体现在对任务的执行上，但它也会影响人际关系。
- **神经质是消极情感的倾向，尤其是对所感知到的社交威胁的反应。**高神经质的人情绪不稳定，遇到小威胁或小挫败就会让他们心烦意乱，而且他们常常心情不好。他们容易焦虑、抑郁、局促不安、自我怀疑、难为情、愤怒和内疚。低神经质的人情绪稳定、沉着镇静、从容不迫，不过，没有消极情绪并不意味着他们特别容易产生积极情绪。
- **开放性是富有想象、喜欢新颖和变化的倾向。**开放性高的人富有艺术性，不人云亦云，有理性，了解自己的情感，

> 能够欣然接受新观念。开放性低的人喜欢简单、明确、熟悉的事物，不太喜欢复杂、模棱两可、新奇和微妙的事物，他们比较保守、传统，抗拒改变。尽管开放性高的人喜欢凭心智生活，但开放性并不等同于才智。非常有才智的人可能具有高开放性，也可能具有低开放性。

仔细思考大五人格的广泛意义之后，将其应用到你认识的人身上，能够加深你对他们的理解。你可以问自己，跟其他人比较，这个人有多开朗、性格有多好、有多可靠、情绪有多变化无常、创造力有多强。这样做时，你会发现对这个人的评分会随着情境的不同而发生改变。例如，一个人在朋友面前很开朗，但在陌生人面前很害羞，因此你不得不将很多观察汇总起来，得出一个平均评分。由此你可以得到对这个人基本倾向的概述。比如有些外向的人非常讨人喜欢，非常尽责，有点儿神经质，非常坦率，能接受新思想。尽管这只是你对这个人的看法的粗略总结，但大五人格框架有助于你将直觉性的评价用语言表达出来。接下来，你就可以更仔细地将这个人与其他人进行比较，可以更清楚地看到他的不同。

大五人格 2.0

在进行这样的评估之后，你会发现，自己对每个人格类别的认识依然很模糊。为了使你对某人的特质有更明确的评价，从整体印象转向更细致的考察会有所帮助，为此你需要了解有关大五人格的更多细节。

保罗·科斯塔（Paul Costa）和罗伯特·麦克雷（Robert McCrae）完成了大部分阐明这些细节的工作。20 世纪 80 年代，他们与美国健康研究所合作，设计了一份名为“大五人格量表”（NEO PI-R）的问卷。问卷使用的是短语，而不是形容词。使用短语的优势在于你可以对其进行设计，避免因使用单个词语带来固有的模糊性。例如科斯塔和麦克雷把描述神经质的部分组成词“心神不定”替换为能清楚地说明某些方面的短语，比如“在与人交往时，我总担心犯社交上的错误”和“我常常感到无助，希望其他人能帮我解决问题”。

大五人格量表受欢迎的另一个原因是它将人格评估更加清晰化了，每种人格被进一步细分为六个组成部分，它们被称为六个“方面”。这确保我们对人格作出更完整的评价，有助于我们将注意力集中在特定的个体差异上。例如，思考一下评估外倾性不同方面的短语。

- 我觉得微笑以及对陌生人友好是件容易的事（热情 / 友善）。
- 我喜欢很多人的派对（合群）。
- 我很强势，有影响力，自信（有魄力）。
- 我的生活节奏很快（活跃）。
- 我喜欢坐过山车的刺激感（寻求刺激）。
- 我是活泼快乐的人（积极情绪 / 快活）。

运用这些方面的好处在于能帮助你分辨被掩饰的特点。例如，很多在外倾性上获得中等分数的人在各个方面的得分并不平均。

有些人的热情、合群和积极情绪的水平高于有魄力、活跃和寻求刺激的水平。有些人可能具有不同的平衡状态。这些也适用于其他倾向。在每种情况中，你应该特别关注明显高于或低于平均水平的那些方面。因为这个练习的重点是对人们进行比较，所以你应该找出那些突出的特点。你还应该记录下出现这些突出特点的特定情境。

为了对大五人格的方面有所了解，我建议你在网上（www.personal.psu.edu/faculty/j/5/j5j/IPIP/ipipneo120.htm）做免费的人格测试，这个测试类似于科斯塔和麦克雷设计的量表。开发者是一群杰出的人格研究者，宾州大学的约翰·约翰逊（John A. Johnson）负责监督。在这个测试中，有些人格方面的名称有所不同，但其涵盖的范围是相似的。这个免费测试被称为 IPIP，你可以匿名完成，大约需要花费 20 分钟。一旦你完成了这个测试，就会收到一份自动发送的电子邮件报告，报告中会显示与成千上万做过这个测试的人相比，你在大五人格上的相对评分。

为了更多地体验大五人格的不同方面（见表 1—2），你还可以用网上的问卷来评估我在序言中让你选出来的熟人（P 某人）。这样做可以让你更清楚地了解 P 某人，并让你信服这种方法的有效性。逐渐熟悉大五人格之后，你的目标是学会在头脑中进行粗略的评分（高、中或低），而不再依赖问卷。

表 1—2 大五人格的方面

外倾性
热情 / 友善（容易交朋友）
合群（喜欢有其他人陪伴）
有魄力（喜欢承担责任）
活跃（喜欢忙碌）
寻求刺激（喜欢刺激）
积极情绪 / 快活（容易感到快乐）
宜人性
信任（认为别人的初衷是好的）
坦率 / 品德（诚恳，不欺骗）
利他（觉得帮助他人是有益的，而不是被利用）
顺从 / 合作（喜欢妥协胜过对抗）
谦虚（不自夸）
仁慈 / 有同情心（善良，富有同情心）
尽责性
胜任 / 自我效能（能做成事）
秩序 / 有条理（安排有序，制订计划）
尽职尽责（非常可靠）
努力获得成就（努力达到卓越）
自律（有意志力）
审慎 / 小心谨慎（不仓促做决策）
神经质
焦虑（容易感到恐惧）
充满愤怒的敌意（容易感到愤恨）
抑郁（容易感到沮丧、悲观）
自我意识（腼腆，因为害怕被拒绝）
冲动 / 无节制（很难抗拒强烈的欲望）
脆弱（在压力下无法保持镇静）

（续表）

开放性
幻想 / 想象（试图创造更有趣的世界）
美感 / 艺术情趣（喜爱艺术之美和自然之美）
情感 / 多情（能够意识到自己的情感）
行动 / 冒险（渴望尝试新活动）
思想 / 智力（喜欢思考）
价值观 / 思想开明（准备好挑战传统）

* 当专利问卷（大五人格问卷）中人格方面的名称与非专利测试（IPIP）中的名称不同时，我把两种名称都罗列出来。

重新思考比尔・克林顿

另一种熟悉大五人格及其不同方面的方法是，再次阅读本章开篇我从乔・克莱恩的书中引用的那个段落，同时在头脑里思考大五人格及其所包括的几个方面。克莱恩让我们对克林顿人格的了解不仅限于这段文字中所写的。但为了熟悉大五人格，我将主要分析这段文字：

> 他的公众形象总是具有生理层面的，几乎都与肉欲有关。他会拥抱听众，听众的反应也同样让他兴奋。在宣扬他的政治理念时，他会把他的声调发挥到极致，似乎总能感知到听众需要什么，并给予他们需要的东西——有针对性地自我包装与推销，投其所好，目的永远是取悦听众。这也是他在私人会面中最有效、最令人疯狂的特质之一：他总能抓住双方的共同点，绕开比较大的分歧，给追随者都能留下如此鲜明的印象，即他们似乎在所有事情上都能达到完美与和谐。他

> 极度渴求关注，明显具有高胆固醇的特质，他拥有的复杂而丰富的人格魅力似乎令公众着迷。尽管他试图塑形，并为此每天坚持慢跑几英里，直至跑到两腿发软，但他依然是个瘦不下来的胖子。他爱吃垃圾食品上瘾是出了名的。他是众所周知的好色之徒。所有这些特性都集于他一人之身。

正如前文中提到的，克莱恩的描述方法是将读者的注意力吸引到人所具有的几个关键特征上。现在，我们把克莱恩提供的信息转化为大五人格语言。不用说，我们对克林顿的了解比这多得多，其他观察者对他的描述与克莱恩的多少有所不同。不过，让我们聚焦于这段文字以及书中的其他一些信息，说明大五人格及其所包括的几个方面如何有助于我们综合对克林顿基本倾向的看法。为此，我将重点探讨他得分特别高或特别低的方面。

对于克林顿，我们非常适合从外倾性开始探讨，因为他自己很喜欢成为人们注意力的中心。为了强调这个特点，克莱恩使用了引发遐想的措辞来描述克林顿的公开露面，比如“拥抱听众”和“被他们唤起兴奋”，这些可以被转化为在合群性上的高得分。克林顿显然还很有魄力，这使他登上了最有权力的领导职位，“好色之徒”一部分反映了他在寻求刺激方面的高得分。从这些描述和克莱恩告诉我们的其他情况中可以确定，克林顿在外倾性各个方面的得分都很高，他的外倾性总分与其他人相比也很高。

克莱恩还提供了克林顿有关宜人性方面的得分信息，不过克林顿的得分并不那么显而易见。通过这段文字，你首先会产生这样的印象，克林顿的宜人性得分应该很高，因为他总想取悦他人。但当你继续读下去，会意识到他只对受他诱惑的人说出他们想听的内容。在克莱恩的书中，他还提供了克林顿存在虚伪性的其他例子，这样克林顿在坦率方面的得分就会比较低。克莱恩还证明克林顿在玩弄女人方面具有剥削性质，因此他在利他和同情心方面的得分就会比较低。总之，乍看起来，克林顿的宜人性得分似乎很高，但其实际得分比看起来的低。

尽管我们在尽责性方面获取的信息很有限，但这些却很说明问题。克林顿坚持慢跑暗示着他在自律方面的努力，但这种印象被“尽管他试图保持体型”“不折不扣的胖子”“吃垃圾食品上瘾”和“好色之徒”等诸如此类的描述减弱了，这些描述很难证明他具有高尽责性。即使克莱恩所写的段落没有涉及书中其他部分所描述的克林顿非常努力从而获得成就的情况，且克林顿在责任感、小心谨慎方面的得分比较低，但这些方面汇总在一起还是构成了克林顿在尽责性上低于平均值的得分。

除了“复杂的人性”之外，克莱恩所写的段落几乎都没有涉及有关克林顿在神经质方面的线索。本书的其他部分告诉我们，克林顿会大发雷霆、失去控制，但我们仍然没有理由认为他特别容易产生消极情绪。事实上，他对批评置之不理的能力令大多数人崩溃，他能在面临严峻考验时保持冷静。汇总起来，克林顿在神经质方面的评分低于平均值。

这段描述同样没有明确地涉及开放性。在对一个人的简要描述中，这种遗漏并非不同寻常。事实证明，开放性的确是具有可区分性的人格特点之一。因此，克莱恩在书的其他部分中对此进行了弥补，为我们提供了克林顿在开放性的大多数方面评分很高的证据。

当然，克林顿的很多人格特点都没有被完全体现在这个大五人格简介中。为了说明这种描述方法的有效性，让我们将其与对奥巴马总统的类似评价进行比较，思考两者之间的不同。像克林顿总统一样，我们有很多机会可以看到奥巴马总统的公开行为，此外，他的两部自传也填补了其人格特点方面的许多空白。

通过比较，他们在开放性方面的差别不大。尽管克林顿和奥巴马在人格特点的某些方面得分不同，但他们的总体得分都很高，并且其在外倾性、神经质、宜人性和尽责性上的得分为我们提供了很多信息。汇总之后，他们的人格差异便显现出来了。

他们在外倾性上的差异特别明显，奥巴马的得分不仅比克林顿的低，而且低于大多数成功的政治家。尽管奥巴马在魄力和活跃方面的得分很高，但他并不特别热情或喜欢社交。即使在赢得了历史性的大选或获得诺贝尔奖时，他也没有表现出具有很多积极情绪的证据。克莱恩也描述了奥巴马的人格，提供了他具有低外倾性的证据。在奥巴马第一次总统大选期间，作为其辩论教练的一位政客说："他是一个典型的独来独往的人。通常候选人会非常努力地准备，每个候选人都会一起放松放松、吃个饭。而奥巴马则会走开，独自吃饭。他非常沉默寡言，并不是极度渴求关注的人。”

“不极度渴求关注”是奥巴马不同于克林顿的另一个标志：他非常低神经质。虽然值得称赞的是，克林顿通常能控制住自己的愤恨和失望，但奥巴马即使在面对严重挫折时，似乎也根本没有这类情绪。事实上，他的情绪非常稳定，很多人对此表示钦佩，但也有人批评他像《星际迷航》（*Star Trek*）里的斯波克（Spock）博士。记者陶曼玲（Maureen Dowd）称他为“淡定总统”和“没有戏剧性的奥巴马”。

沉着冷静也可以被看成是低宜人性的标志之一。不过，奥巴马在宜人性的其他方面显然评分很高，尤其是在坦率和倾向于合作、妥协方面。尽管他没有显露出利他或仁慈，但他的行为表明，他在这方面至少能达到平均水平。因此，尽管奥巴马的宜人性不是特别高，但我认为他比表面看起来的更加具有宜人性。

奥巴马在尽责性 6 个方面得到的高分也使他区别于克林顿。他在审慎方面的得分尤其高，他会查看问题的所有方面。就像他具有的其他人格特质一样，这可以被视为一件好坏参半的事，一方面人们称赞他考虑周详，另一方面人们批评他太书呆子气、太优柔寡断。

以这种方式来评价奥巴马和克林顿，证明了大五人格如何有助于我们对直觉性的观察进行组织整理，让其变得更加明确清晰。尽管由此形成的人格概况比较粗略，但这个过程将我们的注意力聚焦到所有人格倾向上，包括那些如果我们不这样做便会忽略的倾向。正如你将看到的，我们以这种方法获得的发现为第 2 章探讨的人格模式提供了框架。

实用总结

在这章中，我展示了你该如何用大五人格来组织整理对人格的直觉性看法。为了补充你所学到的内容，我建议你做网上的免费测试（我在前文中提到过），如果你还没做过的话，请搜索这个网址：www.personal.psu.edu/faculty/j/5/j5j/IPIP/ipipneo120.htm。

这个测试是个很有价值的工具，它类似于专业人士使用的正式人格评估的一部分。完成这个测试并查看结果，它会告诉你与数据库中成千上万的人相比的得分情况。它还有助于你将大五人格的方法应用于其他人。

不过，你在日常生活中没法用这个有着 120 个项目的问卷来评价他人。你必须对大五人格非常熟悉，才能在头脑中进行非正式的考察。

非正式的大五人格考察

对于头脑中正在进行的考察来说，我们按照既定顺序来做是最简单的方式。就像在克林顿的例子中应用的一样，我通常采取的顺序是 E-A-C-N-O，建议你也采取这个顺序。在克林顿的例子中，我浏览各个方面，寻找过高或过低的得分，形成一个粗略的评估框架。在克林顿的例子中，我对他的评估是具有非常高的外倾性、复杂的宜人性和尽责性、低于平均的神经质以及较高的开放性。

实用总结

随着经验的增加，你也能像我这样快速总结自己的观察。你不仅仅能把大五人格看成是特质的集合，还能将其看成是以特定强度发挥作用的 5 种倾向。为了练习这种快速评估，请想一些你认识的人，试着找出在某个特质上得分最高或最低的人。为了方便起见，我再次将大五人格总结如下。

- **外倾（内倾）**：主动交往他人的倾向。
- **宜人（敌对）**：利他、合作和好性格有关的倾向。
- **尽责（无责任）**：控制冲动和坚持追求目标的倾向。
- **神经质（情绪稳定）**：消极情感的倾向，尤其是对所感知到的社交威胁的反应。
- **开放（封闭）**：富有想象、喜欢新颖和变化的倾向。

这个练习不仅能让你实践如何评估这项倾向，还会让你注意到不一致性。例如，你可能认识一个外倾性得分很高的人，但矛盾的是，他不喜欢和一大群人在一起。尽管这似乎不符合他愿意主动交往他人的强烈倾向，但其实应对陌生人让他感到不自在，而且他还具有高神经质。结果就是，他在熟人中表现出来的高外倾性被引发神经质的情境所压制。

这个例子说明，运用大五人格并不像看起来那么简单。行为在很大程度上受环境的影响，评估倾向时必须考虑到这一点。此外，5 种倾向会不断地相互作用。事实上，它们之间复杂的相互作用、情境的制约作用以及它们彼此的和谐程度，就是造成人格具有独特性与多样性的主要原因。

实用总结

P 某人与大五人格

在序言的结尾部分，我要求你选出一个非常熟悉的人（P 某人），并写出对他/她人格的描述（从这之后P某人会被当作女性）。如果你还没有考虑过这个选择，请现在完成它，然后在继续阅读的过程中想着 P 某人。

现在，大致评出 P 某人在外倾性、宜人性、尽责性、神经质和开放性方面的得分（比如高、中或低）。

记录下这些得分后，请回答以下问题：

1. 现在你是否觉得把自己的想法转化成文字变得更容易了？
2. 现在你对她人格的某些方面是否有了更清晰的印象？
3. 你是否注意到最初的描述中遗漏了一些重要内容？
4. 你是否认为某些不一致可以被视作人格倾向之间的冲突？

如果你准备在大五人格的应用上投入更多时间，你可以再去做网上的测试，把自己代入到 P 某人的位置，试着以她的观点来回答每个问题。你收到的电子邮件报告将会形成一份简要的人格描述，补充你之前完成的非正式描述。由此你能知道，自己是否能从测试中了解到一些在非正式评价中被遗漏的描述。

在继续阅读的过程中，大五人格的方法会不断出现，你将有很多机会使用它，从而提高熟练度。现在，你已经做好将它与其他人格探究方法结合起来使用的准备。

第 2 章　令人烦恼的模式

当我们谈论人时，不只使用形容词，比如“有责任心的”或“懒惰的”，我们还会使用名词，比如“工作狂”或“懒鬼”。形容词是一种描述某人特质的方式，名词则是一种描述某人所属类别的方式。

将人分成不同的类别似乎很有效：用一个词或一个短语描述某人，能让我们对其是什么样的人有一个总体认识。不过，像“工作狂”这样的词并不能体现一个人的全部人格。例如，工作狂意味着“一个人工作成瘾或者愿意过度勤奋地工作，他通常会工作很长时间”；而懒鬼则意味着“一个人逃避工作”。因此“工作狂”和“懒鬼”这样的名词不是用来描述完整的人，而是强调某人的某种特质程度的高低。这个例子涉及的是尽责性的一个方面。

对于在大五人格其他特质上的高分者和低分者，我们也有相应的描述名词。在外倾性上，我们把一个极端称为“派对人生”，把另一个极端称为“孤家寡人”。在宜人性上，类似的描述名词是“利他主义者”和“憎恨世人者”。描述神经质方面的名词有“牢骚大王”和“处变不惊者”。描述开放性方面的名词有“创新者”和“保守者”。我们还使用其他名词来描述各有特色的人格组合，比如“戏剧女王”。在我的字典里，这个词的定义包括“对小挫折反应过度”和“喜欢成为焦点，人来疯”等，它是高度神经质和高度外倾性的组合。

像“工作狂”和“戏剧女王”这样的词之所以非常流行原因在于，它们不仅是概述某些显著特征排名的便捷方法，还承载着额外的重要情感，它们引发的想象比“高尽责性”“高神经质”或“高外倾性”更加鲜明生动。这种区别就像抽象的描述——“成串生长的长形热带水果在成熟时会变黄”与诱人的香蕉图片之间的区别。尽管“工作狂”和“戏剧女王”并不像“香蕉”这个词的描述那样清晰明确，但它们承载的信息能立即吸引你的注意力，并能把一套复杂的特征简化为简单的概念。

精神病学家认识到这类唤起形象思维的词语的作用，创造了令人烦恼的人格模式词汇表，这些模式都是他们在实践中观察到的。在对这些模式进行分类整理的过程中，专家委员会选出了10种看起来特别重要的模式。我称它们为“Top10”，它们与以下这些简短的概要一起被归纳在《美国精神病学会诊断与统计手册》（*American Psychiatric Association's Diagnostic and Statistical Manual*，DSM）中。

- **反社会**——不尊重以及侵犯他人权利。
- **回避型**——社会抑制，有不胜任感，对消极评价过度敏感。
- **边缘型**——人际关系、自我意象和情绪不稳定，有显著的冲动性。
- **强迫型**——全部注意力都集中在整洁和井然有序上，完美主义和控制欲。
- **依赖型**——因为需要过度照顾而表现出顺从和黏人的行为。
- **表演型**——过度情绪化，过度寻求关注。
- **自恋型**——夸张，需要被仰慕，缺乏共情。
- **偏执型**——不信任、疑心，认为别人怀有恶毒的动机。
- **精神分裂**——脱离社会关系，情绪表达幅度受到限制。
- **分裂型**——对亲密关系严重不适，认知或知觉扭曲，行为古怪。

浏览这个清单时，你也许会识别出一些模式、听说过它们的俗称。其中一些名称，比如边缘型和偏执型，其与临床上的名称相同。还有一些模式名称比较有趣，比如我们用社会病或精神病来称呼反社会人格的人；用壁花来称呼回避型的人；用控制狂、细节女王、工作狂、完美主义者或善于算计的人来称呼强迫型的人；用黏人精来称呼依赖型的人；用独行侠来称呼精神分裂的人；用怪人来称呼分裂型的人。人们可以轻率地、前后矛盾地使用这些日常词语，但使用 DSM 则会基于对持久行为模式的临床观察来谨慎地定义“Top10”，还可用其判断一个人适应或适应不良的程度。如果一种或多种模式极端且不灵活的形式给某些人带来了伤害或造成了痛苦，那么我们可以说这些人患有人格障碍。

在思考“Top10”时，要认识到很重要的一点，与香蕉的例子不同，这些模式都不是被明确限定范围的自然类别。相反，它们像是用于描述特质的维度（评级）词语，而不是用于描述水果的类别（是或否）词语。你的强迫型人格程度可能严重或轻微，但在这种情况下，你要么是香蕉、要么不是。此外，你无需因为发现自己存在一种或多种类似模式就感到担心，人格模式表现得相对轻微是否有重要影响，必须具体问题具体分析。

“Top10”在日常生活中之所以很有用，是因为它们便于我们把注意力集中在这些常见模式上。很多人都具有这些模式的变体，且它们的存在利大于弊，其常常与人际关系紧张或很难进行自我控制有关，因此我们应该对其留意观察。当你试图搞清某人为什么让你气恼以及该如何处理这种情况时，这种意识就会特别有价值。

在本章的其余内容中，我会逐一详细探讨“Top10”。不过，我不会让你把一系列特征都背下来，而是会仿效保罗·科斯塔、托马斯·韦迪格（Thomas Widiger）和罗伯特·麦克雷等心理学家的做法，用大五人格各个方面或高或低的等级来描述它们。这种方法建立在你对人格结构已有的知识基础上，使你可以采用单一框架对某人的大五人格和潜在问题模式进行组合评价。首先，让我们思考外倾性非常低的两种模式。

外倾性非常低：两个古怪的独行侠

每个人都认识一些喜欢独来独往的人，但很少有人接触过处于外倾性量表低端的人，因为这样的异类非常不擅长与他人来往。为了举例说明外倾性非常低的人是什么样的，我引用了一名叫诺伊（Noitrix）的学生发在雅虎上的一段自我描述：

> 最近，我在想自己和其他人比起来，我的生活是多么不自然和古怪。但对我来说，这种生活一点儿都不奇怪。
>
> 我对交朋友这件事从来没有真正感兴趣过。我一生中只有两个朋友，但此刻我一个朋友都没有。我并不觉得孤独、难过或有其他的类似情绪。对我来说，根本不存在孤独感这种东西，因为我只想一个人待着。
>
> 空闲的时候，我哪儿都不去。我没有朋友，我也不想有朋友。我甚至不想和家人在一起。在学校，我不和任何人交谈。我没有接近任何人的愿望，我喜欢独来独往。女孩子对我来说没有吸引力，我也不喜欢男孩，我不知道为什么会这样。我从没交过女朋友，因为我不想，因为我觉得那毫无意义或毫无益处。我认为我不会爱上谁，我觉得自己是无性人。
>
> 我不在意别人怎么说我。当别人批评或表扬我时，我完全无感。遇到陌生人时，我会避免与其进行眼神交流。
>
> 如果我不得不与别人一起待很长时间，我就会觉得他们吸走了我的生命能量。为了恢复能量，我需要独处很长时间。

我讨厌闲聊，讨厌传八卦。

我唯一的人生目标就是实现我的梦想，其他所有事都毫无意义。友谊或爱情对我来说没有意义。

诺伊对自己的描述非常符合 DSM 中描述的精神分裂模式，这类人的特征是：他们既不渴望也不喜欢亲密的关系，包括让自己成为家庭的一员；他们总是选择独来独往的活动，对性体验几乎没有兴趣，没有什么活动能让他们感受到乐趣；除了至亲之外，他们没有好友和知己，对他人的批评和赞扬满不在乎，冷漠或没有情感。如果在大五人格的背景中思考这种模式，你就会发现这类人在外倾性的 6 个方面的排名也非常低：非常不热情，非常不合群，没有魄力，非常不活跃，不想寻求刺激，缺乏积极情绪。因此，诺伊不寻常的性格只是反映了其处于外倾性维度的低端。

从这个角度来思考诺伊奇怪的行为，会让你对其形成不同的理解，这也有助于你将其精神分裂模式与一种更加古怪的低外倾性模式——分裂型区分开。与精神分裂不同，分裂型的人不仅对别人冷漠、满不在乎，还会主动地厌恶他人，这是其具有低宜人性的表现。他人的存在会让他们感到焦虑紧张，这是其具有高神经质的表现。他们会以高度特异性的方式来看待这个世界，这是其具有高度开放性的表现。由于有这样的组合，分裂型的人不会保持低调，他们可能会明目张胆地做出反常行为。

一个著名的有关分裂型人格的例子是厌恶人类的隐居者鲍比·费舍尔（Bobby Fischer）。他是最杰出的国际象棋选手之一，也因其具有的人格特点引起了公众的注意。尽管他非常有才华，但他蔑视所有人，连他最忠诚的粉丝都会因此感到很受伤。更糟糕的是，他经常发表离奇的观点，包括他对犹太人和美国人恶毒的仇视，这使他与世人更加疏远。虽然费舍尔依然是象棋界的一个传奇，但他在 30 多岁时便淡出人们的视野，余生过着流浪汉般的生活。2001 年 9 月 11 日，美国世贸中心遭到恐怖袭击后，他突然在一家菲律宾电台中短暂露面，他宣称："这是一个天大的好消息！我为这次行动喝彩！该死的美国，我想看到美国被消灭。"

但并不是所有分裂型的人都跟鲍比·费舍尔一样，是非常惹人注目的怪人，有些人满足于非传统的生活方式，不会与他人为敌。不过，通过他们古怪的行为，我们很容易将他们与诺伊那样精神分裂的独行侠区分开，独行侠只想独自待着。

外倾性非常高：表演型的焦虑

具有高外倾维度的人不仅限于那些处于量表低端的人。外倾性非常高的人格模式被称为表演型人格。与躲避媒体曝光的精神分裂者不同，具有表演型人格的人会尽量吸引你的注意力，因为他们渴望与你交往。

表演型的人不仅在合群性、活跃性、寻求刺激和积极情绪方面会获得高分，其外倾性还有突出的性表现。就像精神分裂者的低外倾性表现为对性没有兴趣一样，表演型的人通过夸张的性表达来表现其高度的外倾性。在 DSM 的描述中，这种人格模式的两个显著特点是：与他人的互动常常体现为不恰当的性引诱或性挑逗；始终用外貌来吸引别人的注意。

精神分裂的人主要局限于外倾性这一倾向，与其不同的是，表演型的人在大五人格的其他倾向上也会有引人注目的得分。表演型的人会天真地相信他人，这是其具有宜人性的一方面；他们非常冲动，这是其具有神经质的一方面；他们自律性差，很不审慎，这是其具有尽责性的一方面。除了诱惑行为外，DSM 中还强调了他们极具戏剧性、容易受到暗示以及非分析性的思维方式。

我们不难找到符合这些描述的公众人物，演艺圈是展示这类人格行为的重灾区。玛丽莲·梦露（Marilyn Monroe）是一个极具吸引力的例证，因为在她还是个小女孩的时候，她想用身体吸引他人注意的强烈意愿便已经表现得很明显了。葛罗莉亚·斯坦能（Gloria Steinem）在其所著的传记中描写了玛丽莲在童年时反复出现的性冲动——想在教堂里脱光衣服，“我特别想赤裸着站起来，让上帝和其他人看到我。我不得不咬紧牙关，把手压在屁股底下，防止自己把衣服脱光”。后来，玛丽莲把自己包装成性感明星，她在性关系上朝三暮四以及在私人生活中表现出的夸张情绪都很符合表演型的人格模式。

在好莱坞的男明星中，我们也很容易发现这种模式，比如和玛丽莲有染的马龙·白兰度（Marlon Brando）。他也是一位男性性感偶像。玛丽莲在《绅士爱美人》（*Gentlemen Prefer Blondes*）中饰演的角色经常挑逗男人，让他们兴奋不已；而白兰度在《欲望号街车》（*A Streetcar Named Desire*）中饰演一个板着脸的坏男孩，他的情绪变化无常、动不动就失控，这令女人们神魂颠倒。就像玛丽莲一样，这不只是白兰度的表演，他在生活中也是这样，他和制片厂老板、导演纷争不断，与他们很难相处。

当然，表演型的人并不一定都是电影明星，生活中行为戏剧化的、喜欢展示身体的人并不少见。他们通常不负责任、不理性，异常活泼外向。不过，很多被他们吸引的人却觉得他们非常有趣，令人兴奋。

低宜人性模式：偏执狂、自恋狂和反社会者

前面所讲的“Top10”中有三种不同寻常的宜人性模式——偏执狂、自恋狂和反社会者，它们都处于宜人性量表的低端，而这并不意味着具有低宜人性一定有问题。事实上，很多成功人士都具有三种模式中的一种或多种。临床医生之所以关注这三种模式，是因为它们的极端表现形式都是自我欺骗，这类人常常会对他人进行打击报复，给他人造成痛苦。

对我们来说，综合考虑这些模式很有帮助，因为它们都涉及宜人性三个方面的低得分。具有其中任何一种模式的人往往都比较自私，而非慷慨大度；他们比较好斗，缺乏合作精神；他们比较冷酷无情，缺乏同情心。这三种模式的突出特点是，它们在宜人性的其他至少一个方面的得分特别低：偏执狂疑心重，不相信别人；自恋狂非常自负，不谦虚；反社会者虚伪，不坦率，具有欺骗性。

在这些模式中，偏执狂最容易被发现，因为他们常常坦率地说出自己对别人的不信任和不喜欢。他们认为别人一定存心不良，因此他们轻蔑、好斗、抗拒批评、心怀怨恨的行为都是合理的自卫。他们表现出低外倾性的行为，为人冷漠，不热情；他们同时表现出低开放性的行为，固执己见，傲慢专断；他们还表现出高神经质的行为，容易被激怒。

尽管具有这种模式的人不受人欢迎，但在需要好争辩、需要对他人动机持怀疑态度的职业中，它可以被巧妙地利用起来。例如，公众利益倡导者拉尔夫·纳德（Ralph Nader）就很好地利用了这种模式，取得了辉煌的成就。起初，他不屈不挠地揭露汽车行业中的欺诈行为，迫使制造商制造出更安全的汽车。后来，他把注意力转向了其他无能和腐败的企业及政府。多年来，他和他的公益组织“纳德追击手”（Nader's Raiders）为一些重要的改革扫清了道路。

不过，纳德作为改革者取得的成功并不只源自其偏执，他为民粹运动吸引支持的能力一部分源自自恋者的自信和对崇拜的需要。在鼓舞人心的领导者中，轻微的自恋很常见，但有些人自恋过了头，如果其发展成为损害判断力的狂妄自大，那么这种模式将是非常棘手的。

在纳德的例子中，他在2000年参加总统竞选及其造成的后果都体现了其夸大性。纳德认为其他两位候选人——阿尔·戈尔（Al Gore）和乔治·布什就像“难兄难弟”一样没有什么差别，

"所以选谁都没有区别"。纳德宣称，只有自己才是最有价值的候选人。他的很多早期支持者强烈要求他退出竞选，因为他没有赢的机会，而且拉走了戈尔的很多选票，而这些支持者更喜欢戈尔。纳德拒绝了，他想被万人瞩目。当戈尔因为几百票的差距在加州竞选失利，并因此导致大选失败时，纳德完全不认为自己可能犯了个错误。相反，他对自己感到很满意并写了一本名为《摧毁政党》（*Crashing the Party*）的书，在书中，他为自己的胡闹沾沾自喜，而且依然坚持认为自己是唯一应该被选上的人。

甚至在 2000 年总统大选之前，曾给纳德带来很多成功的偏执与自恋便已经失去了控制。现在我们知道，多疑帮助他战胜了外人，但在同事刚一出现不忠诚的表现时，多疑也会使他转而对抗同事。我们还知道在其早期，纳德的自恋特质能够把具有献身精神的社会改革活动家吸引过来，但如果他们不能盲目地服从他，自恋就会让纳德认为自己可以出于自私的目的利用他们，从而刻薄地对待他们。丽萨・张伯伦（Lisa Chamberlain）在《拉尔夫・纳德的阴暗面》（*The Dark Side of Ralph Nader*）一书中对此进行了概括：

> 十几个曾经与纳德共事过或为他工作过的人都充满怨恨地与他决裂了，他们曾经非常尊敬他、钦佩他。他对很多人都非常刻薄，他不可能把那些满腹牢骚的前员工全部解雇。根据很多在他身边工作过的人的说法以及他自己的记录，这些都体现了他傲慢自大、讳莫如深、偏执和心胸狭隘的特点，他会对朋友和助理采取卑鄙的攻击手段，甚至不惜损害自己的事业。

自恋模式还具有其他阴暗面，最常见的一面是自恋者会甘愿冒不必要的风险，因为他们觉得自己刀枪不入，很多人都因为这种错误的判断而导致自我毁灭。拿破仑入侵俄罗斯就是这样一个例子。

不过，并非所有自恋的人都觉得自己无懈可击。很多没有才华、无法获得成功的自恋者会花费精力维持自我优越的幻觉。他们吹捧自己，会幻想辉煌的未来，吹嘘微不足道的成就，通过贬低他人来抬高自己的地位。然而，一丁点儿批评就会让这些脆弱的自恋者崩溃。

有极端需求的自恋者经常感到自己高人一等，这使他们区别于类似的低宜人性反社会者，这是 DSM 中对他们的叫法，其他专家将其称为"精神病"或"社会病态"。像自恋狂一样，反社会者缺乏同情心，很虚伪，经常自私地利用他人。不过与渴求赞美的自恋狂不同的是，大多数反社会者对他人的赞美并不感兴趣。他们的冷漠表现为在神经质的某些方面得分非常低，比如自我意识、脆弱性和焦虑。事实上，他们很少能感受到消极情绪，以至于从不会感到内疚或自责，没有良知。其中很多人在尽责性的责任感和审慎方面得分非常低，而在外倾性的有魄力和寻求刺激方面得分非常高。

考虑到反社会者会对社会造成很大破坏，你可能会认为我们应该始终警惕他们。但其实他们很容易被人忽视，原因之一是我们很难相信真的有这样的人存在。另外，他们通常是能言善道的骗子，我们总是无视他们欺骗我们的证据，哪怕他们被当场戳穿是在骗人。精神病方面的专家罗伯特·海尔（Robert Hare）自己也曾经被反社会者欺骗过。他在一次聚会中谈到这样的人，别人对这类人的回应常常是："你知道的，以前我从来没有意识到，但你描述的人正是我的小叔子。"

实施庞氏骗局 20 年的伯纳德·麦道夫（Bernard Madoff）就是这类人中的一个典型例子。当他所设的骗局最终被揭穿时，很多被他欺骗 20 多年的人无法相信这个事实。"这样一个好人怎么可能做出这么差劲的事？""他怎么可能一直欺骗他最好的朋友和那些始终相信他的人？"是的，他就是这样做了。一个看似社会栋梁般的人在反复接受调查的情况下，多年来不断骗取钱财，毫无羞耻感，也没有感到懊悔，仅靠良知已经无法约束他。

麦道夫不仅欺骗容易上当的客户，还毫无惧色地挫败了监管机构的官员，他们可都是训练有素的欺诈侦查专家。即使因金融危机导致大规模退款，使麦道夫的骗局最终败露时，他依然相信自己能够顺利完成这些交易。他自信到在供认之前都不和自己的律师商量一下。

另一个著名的反社会者是橄榄球运动员辛普森（O.J. Simpson），他和麦道夫一样相信自己能一切顺利。在辛普森被控告谋杀了他的妻子妮可尔（Nicole）和朋友罗恩·戈德曼（Ron Goldman），并面对一系列不利证据时，他依然很冷静。在刑事审判期间，他无耻的行为以及泰然自若地面对谋杀时使用的手套，让陪审团相信他是清白的。

甚至在后来的民事审判中的定罪也没有让辛普森感到烦扰。在宣布判决后，他并没有把这件事抛之脑后，而是决定写一本名叫《假如我做了》（*If I Did It*）的书，这是一份具有挑衅性的虚拟供认，它进一步体现了反社会者的冷酷无情。辛普森在书中详细描述了如果由他来实施谋杀，他会采取的方式及细节。辛普森以奚落那些被害者的家人为乐，同时依然宣称自己无罪。

贾维尔·巴尔登（Javier Bardem）因其主演的电影《老无所依》（*No Country for Old Men*）荣获了奥斯卡金像奖，电影中对精神病杀手的塑造更加生动地说明了这种虐待狂感受的快感。在电影前期的一个令人不寒而栗的场景中，我们看到巴尔登饰演的杀手在加油站戏弄倒霉的服务员，服务员的情绪很快从友好变成了恐惧。巴尔登所饰演的角色表现出的令人难以捉摸的威胁感以及在面对调解时毫不退让使那个服务员感到越来越困惑，恐怕只有准确猜中抛硬币般的运气才能让服务员保住性命。

巴尔登饰演的角色当然是极端的反社会者、一个喜欢杀人的杀戮机器。而辛普森表现出的则是比较轻微的反社会者形式，而且反社会者具备的很多构成要素都有利于他成为杰出的橄榄球运动员。如果不是因为妮可尔被谋杀后他受到了详细的审查，他之后做出的很多反社会行为可能都会因其伟大的运动成就而不受惩罚。从罗伯特·海尔的视角看，巴尔登饰演的角色是患有完全型精神病的典型例子，而辛普森应该被视为患有“不够犯罪标准的精神病”。

许多身居高位的反社会者会更有技巧地进行掩饰，这类人并不少见。调查显示，有 4% 的美国人（主要为男性）符合 DSM 中所描述的反社会人格特征。因此，如果你认识的人表现出反社会人格特征，千万不要不予理会，应该对其保持持续关注，留意其表现出的其他人格特征。

高度的尽责性：强迫型

尽管反社会模式相当常见，但它在“Top10”中并不是最普遍的，最普遍的是强迫型模式。最近的调查发现，引发问题的强迫型模式的人在美国成年人中约占 8%，其中包括男性和女性。

强迫型模式的人的一个显著特点是在尽责性各个方面的得分都很高。但这有问题吗？有能力、有条理、负责任、自律、审慎和努力争取成就，这些难道不正是父母们所鼓励的吗？它们难道不是成功的重要构成因素吗？那么，与成就相关的、具有适应性的高尽责性，与可能引发问题的、被称为强迫型的高尽责性之间有什么区别？

像所有令人苦恼的人格模式一样，强迫行为也是一个程度问题，例如希欧多尔・米隆（Theodore Millon）描述了完美主义的程度，从适应性的（“我为我所做的事感到骄傲”）到有障碍的（“我不停地完善某事物，直到其达到完美，即使它已经能够满足我的需要”），再到严重障碍（“因为没有什么是足够好的，所以我永远完不成任何事”）。DSM 对其的相关描述还包括其他一些适应不良的完美主义者具备的特征：“全神贯注于细节、规则、清单、顺序、条理或计划，以至于忘记了活动的重点。”“过分小心谨慎、一丝不苟，在伦理道德和价值观问题上极其不灵活。”“不愿授权或和其他人合作，除非他们接受他 / 她的做事方式。”

然而，高度的尽责性并不是造成强迫型人格模式的全部原因，毕竟很多非常成功的人在尽责性上的得分都很高。适应不良的高尽责性的一个显著特点是其通常与高度神经质相关，与非常焦虑、非常脆弱等特点尤其相关。正常的高度尽责者能够用成功的快乐补偿工作的辛苦；而适应不良的高度尽责者几乎无法从自己所做的事情中获得快乐，相反，激励他们的是避免犯错的强烈愿望，如果不能以某种方式做事，他们就会变得万分痛苦。没人知道他们为什么选择这种奴隶般的辛苦工作来防止消极情绪，但无论原因是什么，他们都是完美主义的囚徒，被禁锢在不能给自己也不能给他人带来快乐的模式中。

高神经质：回避型、依赖型和边缘型

给适应不良的强迫者带来巨大痛苦的高度神经质也是形成其余三种人格模式的原因。这三种人格模式是回避型、依赖型和边缘型。强迫型高神经质源自偏离这类人严格的做事方法，但与其不同的是，这三种模式的高神经质主要表现为在社交情境和人际关系中的脆弱感。由于存在这个共同的特点，其中一种模式表现突出也标志着同时存在另外两种模式。

最容易被人发现的是回避型的人，因为他们在人群中感觉非常不自在。但与精神分裂者不同，回避型的人其实对社交很感兴趣。他们畏缩不前的原因是担心自己没有魅力，害怕会因此感到尴尬或被拒绝。

回避型的人与精神分裂者之间的差别表现在他们在神经质方面的得分上。回避型的人具有高度的自我意识和脆弱性，这使得他们害怕自己不被喜欢、被人指责，而精神分裂者完全不在意别人对他们的轻视。DSM 中也强调了回避型模式包括多个方面，比如“异乎寻常地不愿意冒个人风险，不愿意从事任何新活动，因为这样做可能会令他们难堪”。

然而，很多回避型的人确实找到了与他人交往的方法，尽管他们心存畏惧和顾虑，但有些人还是登上了显赫的位置。在《纽约客》（*New Yorker*）做编辑长达 35 年的威廉・肖恩（William Shawn）就是一个很好的例子。他的儿子艾伦（Allen）在《希望有我在》（*Wish I Could Be There*）一书中描述了父亲的回避型人格及其应对方法：

> 追忆起来，他似乎有着强烈的社交恐惧症倾向。除了避免去人多拥挤的地方，并且总是坐在剧院或音乐厅过道的位置或靠近出口的位置之外，大多数派对和聚会他都不会参加。我不记得他主动提议过举办自己的派对。他在社交聚会上看起来多少有些不情愿，是个被动的参与者，尽管最后他通常会成为聚会里安静的中心。如果家里的客厅里有客人，他走进去时甚至会犹豫不决；他看起来脸色红润、开朗愉快，但也会踌躇不前。尽管他整天都与人相处，但他们似乎令他大

吃一惊。他尊重他人的复杂性和神秘性在某种程度上促使他成为一个深沉的人，但这也体现了他某种内在的恐惧感……

他出了名的害羞，相对于对一群人讲话，他更喜欢与人单独交谈。我认为，他其实不怕任何人，从某种意义上说，他非常善于社交。他只是需要特定的条件才能展示出其社交能力，就像他需要特定的条件才能坚持自己的意见，从而表现得很自然，展示出对自己的自豪感。

另一种高度神经质的模式——依赖型的人格，这类人不具有某些回避型的人所具有的坚持自己意见的能力。他们不去战胜深层存在的不安全感，而是寻求更强大的人作为潜在的保护者。DSM 中对这种模式的描述包括："如果没有他人大量的建议和保证，他们很难做出日常决定。""需要其他人来承担他 / 她生活中大多数领域的责任。""独处时会感到不自在或无助，因为他们对不能照顾自己怀有夸大的恐惧。""不切实际地完全沉浸在不得不照顾自己的恐惧中。"

这些脆弱的人之所以采取这种方式，是因为他们在宜人性上的得分也比较高。他们相信很多慷慨大度的人不会利用自己，他们也不羞于承认自己存在的局限性。相反，他们可以很自如地表达讨好自己的强烈愿望，希望自己的信任能够得到报答，找到可以依赖的、有爱心的同伴。

他们有时能得偿所愿。如果依赖型的人与他人建立了稳定的关系，他们的神经质可能就不会表现出来，而只表现出宜人性。

然而，最后的结果往往不好，因为依赖型的人常常对同伴的奉献精神估计过高。蜜月期一过，他们就会变得很黏人，并且会提出过分的要求，被抛弃的恐惧可能会压垮他们。

害怕被抛弃也是边缘型人格的人具有的一个突出特点，边缘型人格是一种极端神经质的形式。边缘型人格的人在神经质各个方面的得分都很高，如焦虑、充满愤怒的敌意、抑郁、自我意识、冲动和脆弱。令情况变得更糟糕的是，他们在宜人性的信任和顺从方面得分很低，在尽责性的审慎方面得分也很低。极端的神经质以及神经质的表达，导致了他们充满愤怒的失望和执着的依赖，描写边缘型人格的畅销书《我恨你，不要离开我》（*I Hate You, Don't Leave Me*）中就体现了这种组合。

在 DSM 中，对边缘型人格的描述一开始就提到了三种混乱的表现："疯狂地想要避免真实的或想象出来的抛弃。""人际关系紧张、不稳定，在极端理想化和极端贬低价值之间交替。""自我意象和自我感知不稳定。"这些都描述了一种紧张的人际关系，它既需要牢固的依恋，同时又要担心背叛。边缘型人格的人容易感到孤独，常常从性滥交和非法药物中寻求慰藉。

尽管这种模式很极端，但如果这些描述让你想起某个认识的人也并不令人吃惊。美国国家健康研究所的研究者发现，在接受面对面访谈的美国人中，大约有 5% 的人患有边缘型人格障碍。尽管大多数人认为具有边缘型人格的人主要为女性，但研究者发现，这种混乱的人格模式在男性中也很常见。

同样，还存在一种轻微的边缘型人格模式，米隆认为“它与正常模式共同处于一个连续体上”，而奥德汉姆和莫里斯（Morris）则称之为“善变型”。这类人渴望建立浪漫的关系，寻求极度的亲密感。如果这些情感始终不能得到满怀热情的回馈，他们就会感到很受伤。不过，他们的分手与和好不会很激烈，他们的情绪不会剧烈波动，他们对人际关系的看法也比较现实。

对自己和他人的看法

到目前为止，我已经从大五人格的角度描述了这些模式，让我们换个角度来定义它们，我也认为这样是有益的。这种方法基于精神病学家阿伦·贝克（Aaron T. Beck）的研究，他研究了患有人格障碍的人的思维过程，并以此探究治疗方法。他的方法被称为认知疗法，目的是帮助患者认识并重新审视让其陷入麻烦的思维方式。在发展这种疗法的过程中，贝克和他的同事发现了两种非常有参考价值的思维过程：一个人对自己的看法以及对他人的总体看法。他们还发现，特定类型的看法正是“Top10”人格模式的特征。

在寻找这种有问题的思维过程的特征时，我首先将我的注意力限定在对他们自己的看法上。我没有试图分类整理 10 个选项，而是将它们归结为四类。其中两类具有积极的自我意象“我很特殊”和“我一贯正确”；另外两类具有消极的自我意象“我很脆弱”和“我淡漠孤立”。

你可能对这四种自我意象并不陌生，因为当我们传别人的闲话时，它们会常常出现。例如，我们会说“她目空一切（特殊）”，“他自以为是（正确）”，“她那么没有安全感（脆弱）”或“他真是不合群（淡漠孤立）”。如果这些陈述或类似陈述与你想象的人的特征很符合，那么你可以通过对照表 2—1 中总结的特征来改进你的评价。

表 2—1　“Top10”人格模型：对自己和他人的看法

	模式	自我	他人
我很特殊	自恋型 表演型 反社会	有权利的 魅力四射 不受约束的	低人一等 容易受人诱惑 笨蛋
我一贯正确	强迫型 偏执型	有能力 公正、正直	懒鬼 恶毒
我很脆弱	回避型 依赖型 边缘型	没有吸引力 非常需要被关注 情绪不稳定	有损尊严的 能够给予支持 反复无常
我淡漠孤立	精神分裂 分裂型	自给自足的 有魔力的	毫无价值 不值得信任

认为“我很特殊”的三种方式具有某些相似之处，同时也具有明显的差别。自恋狂相信自己是卓尔不凡的，不受规则约束。他们希望别人称赞自己，给予自己认为应得的特殊对待。表演型的人也希望得到称赞，但主要是因为他们太有魅力了。与自恋狂不同，表演型的人不认为别人是劣等的，相反，他们把别人看成是可以诱惑的目标。反社会者像自恋狂一样，觉得自己卓尔不凡，

但他们主要对如何利用他人感兴趣，而不是被其称赞、钦佩。他们认为，自己之所以特殊，是因为不受社会惯例约束。他们可以欺骗并剥削其他笨蛋们，这也使他们总能侥幸逃脱惩罚，因为他们非常擅长隐藏自己的真实目的。

认为“我一贯正确”的两种思维方式也很容易区分。强迫型的人认为自己很有能力，决心努力达到优秀。他们认为其他人是自我放纵的懒鬼，人们应该更勤奋并遵守规则。偏执狂则更加自以为是，但他们也会被误解，尽管他们认为自己的初衷很高尚。他们并不认为别人是不负责任的，而认为这些人是恶毒的敌人，需要小心提防。

认为“我很脆弱”的三种思考方式都涉及独特的“我不够好”的想法，而且人们可以通过对别人完全不同的看法来区分它们。回避型的人特别担心别人会看穿自己、发现自己的拙劣、看不起自己，为了避免这种难堪，他们一直保持低调。依赖型的人也会觉得自己无能，但他们并不觉得主动交往能够照顾自己的人是羞耻的。边缘型的人极其令人恼火，他们对自己和对他人的看法都是反复无常的。他们清醒地知道自己的局限性，但依然固守着自己被人爱慕的信念。他们对自己所依恋的人的看法时而积极、时而消极：有时觉得其充满爱心，非常完美；有时则觉得其随时会背叛或抛弃自己。

认为“我淡漠孤立”的两种思维方式也涉及对他人和对自己有着完全不同的看法。精神分裂的人给人以自给自足感，这反映了他们能够照顾自己的能力。他们之所以躲避他人，是因为他们认为人际关系很棘手，而且没有价值。相比较而言，分裂型的人之所以给人以自给自足感，是因为他们生活在幻想的世界里（他们认为这比在现实世界里更好）。他们远离别人的主要原因是认为别人不值得信赖。

特质、模式与人

把“Top10”模式看成是描述特质和思维的模式，这强调了其作为一个探讨和预测人的词汇表的价值。如果你发现某人的老板是个自恋狂，你就更能理解他为什么令回避型员工感到沮丧，还会激怒偏执的员工。如果你发现有个朋友是表演型的人，那么你就更能理解他为什么容易受到花言巧语的反社会者的欺骗。

这对我们来说可能很有用，但重要的是要记住“Top10”并不是明确定义的自然分类。例如，我们可能会遇到各种各样的自恋型的老板，使用我描述的特征能够发现某人是个自恋狂，其行为还会传递出一些真实信息，人们通过对其进一步观察和分析可以证实或驳斥。这些方法同样适用于清单上罗列的其他模式。

当以这种方式来估量时，对某人人格存在问题的预感有助于你观察其显著的大五人格倾向。以自恋为例，你最先注意到的是其低宜人性的方面。如果你的预感得到证实，接下来要考虑的则是其尽责性的倾向。高尽责性可以促使自恋的人取得伟大的成就，而低尽责性则会使其趋向反社会性。神经质、开放性和外倾性上的等级也会通过多种方式改变这种模式。因此，围绕最初对某人的预感形成的大五人格评估比没有工作假设、只是浏览特质清单形成的评估更有成效。

当你学会从倾向和模式的角度去看待这类人时，你不仅能更清楚地认识他们，而且还会增加对人类人格多样性的认识。这样可能会产生一系列问题，它们涉及人格变化各种各样的起源，我将在接下来的章节中探讨这些问题。

实用总结

在本章中，我向你介绍了如何通过寻找有问题的人格模式来进行下一步的人格评估。

我所描述的 10 种人格模式来自 DSM，制定 DSM 的目的是发现这些模式中存在的充分发展的和适应不良的形式，即人格障碍。不过，这些形式也存在比较轻微的形式，并不一定都是适应不良的。在评估人格时，你既应该留意比较轻微的形式，也应该留意其充分发展的形式，你的发现将会更新自己还在发展中的人格全景图。

回顾“Top10”

为了回顾这些模式，我将对它们做简要的总结。为了让它们更加生动，我使用了摘自 DSM 的描述性语句。在回想每一种模式时，问问你自己，这些描述是否使你想起某个认识的人的行为。

- **反社会**——不尊重以及侵犯他人权利。不诚实，表现为反复撒谎，使用假名，为了个人利益或取乐而哄骗他人。缺乏懊悔感的表现是对伤害、虐待他人或偷取他人财物满不在乎，或对这些行为进行合理化。

实用总结

- **回避型**——社会抑制，具有不胜任感，对消极评价过度敏感。因为害怕被羞辱或被取笑，在亲密关系中表现拘束。
- **边缘型**——人际关系、自我意象和情绪不稳定，有显著的冲动性。人际关系紧张且不稳定，在把对方想象得极端理想化和极端贬低对方价值之间转换。
- **强迫型**——全部注意力都集中在整洁和井然有序上，完美主义和控制欲。过分小心谨慎、一丝不苟，在伦理道德和价值观问题上极其不灵活。不愿授权或和其他人合作，除非这些合作者愿意接受他 / 她的做事方式。
- **依赖型**——因为需要被过度照顾而表现出顺从和黏人的行为。需要其他人来承担他 / 她在生活中大多数领域所负的责任。
- **表演型**——过度富有感情，过度寻求关注。与他人的互动常常表现为不恰当的性引诱或性挑逗。当自己没有成为人们注意力的中心时，他们会感到不舒服。
- **自恋型**——夸张，需要被仰慕，缺乏共情。在人际关系上具有剥削性，也就是利用他人实现自己的目的，完全沉浸在对无限成功、权力、才华、美貌或理想爱情的幻想中。
- **偏执型**——不信任、疑心，认为别人怀有恶毒的动机。在善意的言谈或事件中读出了隐藏的带有侮辱性或威胁性的含义。
- **精神分裂**——脱离社会关系，情绪表达的幅度受到限制。既不渴望也不喜欢亲密的关系，包括让自己成为家庭的一员。
- **分裂型**——对亲密关系感到严重不适，认知或知觉扭曲，行为或外表古怪、奇特。

实用总结

运用“Top10”

查看这个清单之后，请思考以下问题：

1. 在你认识的人中，你发现了多少种人格模式？

2. 在每种情况下，其人格模式是否令那个人感到麻烦？是否令你感到麻烦？

判断一种人格模式是否给人带来麻烦取决于你的看法。例如，有些人不愿意与完美主义者交往，他们只有和懒散的人交往才会感到舒服自在。不过，很多人似乎并不介意人格模式，有些人还会被强迫型的伙伴深深地吸引。

发现麻烦模式的三种方法

1. 通过模式识别——发现麻烦模式最简单的方法是留意其典型特征。你需要认识到它们不仅在系统化的人格评价中有价值，在日常生活中也有价值。如果留意，你会发现很多人格模式的特征都很明显。不过，即使是专家也有可能对某些模式表现出的特征发生遗漏，尤其是反社会这类模式，因为具备这种人格模式的人往往能很好地将其特征隐藏起来。

2. 通过聚焦于对自己和对他人的态度——发现麻烦模式的另一种方法是留意对自己和对他人的两种典型态度。

反社会：我不受约束 / 其他人是笨蛋。

回避型：我没有吸引力 / 其他人会损害我的尊严。

边缘型：我情绪不稳定 / 其他人反复无常。

强迫型：我很有能力 / 其他人是懒鬼。

依赖型：我非常需要被关注 / 其他人能够给予支持。

表演型：我魅力四射 / 其他人容易受到诱惑。

实用总结

自恋型： 我享有权利 / 其他人是低等的。

偏执型： 我公正、正直 / 其他人心怀恶意

精神分裂： 我是自给自足的 / 其他人毫无价值

分裂型： 我是有魅力的 / 其他人不值得信赖

3. 作为大五人格评估的一部分——当你对某人进行大五人格评估时，其麻烦模式也会随之表现出来。例如，某人在外倾性各个方面的低得分暗示着其精神分裂。

P 某人与麻烦模式

从几个角度回顾了这些人格模式之后，我们是时候将它们应用于 P 某人了，思考以下问题。

1.P 某人是否表现出了充分发展的“Top10”人格模式的特点？

2. 她是否表现出了人格模式中轻微形式的特点？

如果是：

3. 你是否通过人格模式识别发现了它们？你是否因为她对自己和对他人的态度发现了这些特点？是否能通过评估她的大五人格或以上这些方式来发现这些特点？

4. 你是否相信观察到的她具有的人格模式足以干扰其人际关系，无论这种人格模式是充分发展的还是轻微的形式？

5. 如果你认为 P 某人的人格模式会造成麻烦，那么它们是否也能发挥适应性的作用？

6. 在认真思考过这些问题后，你是否能看出将大五人格添加到系统化的人格评估中是有价值的？

第二部分

解释人格差异

Making Sense of People

每一个夜晚，每一个清晨，
有人生来就为不幸伤神，
每一个清晨，每一个夜晚，
有人生来就被幸福拥抱。

——威廉·布莱克（William Blake），
《天真之歌》（*Songs of Innocence*）

第 3 章　基因如何造成了我们的差异

在思考第 2 章中所描述的人格特征时，你会奇怪它们的差别怎么会如此之大。如果像大多数人一样，那么你可能会认为他们的人格模式主要源于其社会环境和教养。不过，你可能也会考虑另一种解释，这种解释正在变得越来越流行，就是由基因造成的这些人格差异。

人们对人格遗传学日益浓厚的兴趣体现在对其进行的大量媒体报道上。例如，以下是摘自《纽约时报》的有关寻求刺激遗传性的专栏文章。

> 杰森·达拉斯（Jason Dallas）过去常把自己不怕死的特点看成是“个性问题”，比如他非常喜欢去偏远的地方滑雪，喜欢在山里骑自行车，喜欢速度非常快的交通工具。后来，他听说弗雷德·哈钦森癌症研究中心（Fred Hutchison Cancer Research Center）的科学家将老鼠爱冒险的性格与其基因联系起来。没有这种基因的老鼠在无保护的情况下能够昂首阔

> 步地走过钢横梁，而不会像其他老鼠一样蜷缩在安全的地方。因此，这位来自西雅图的厨师达拉斯先生相信自己也有爱冒险的遗传倾向，研究者认为这个结论并非毫无根据，因为人类基因发生的类似变异可以解释为什么人们对危险的感知有所不同。"它在你的血液中，"达拉斯先生说，"你听别人说过这类话，但现在你终于知道那是真的。"

我认为这篇报道值得注意的地方是杰森·达拉斯很容易就接受了这个观点——那些影响老鼠人格的基因也会同样影响他的人格。尽管在这项研究中没有任何证据显示 $neuroD_2$ 基因与他喜欢冒险有关系，但他还是倾向于两者存在这种联系，因为老鼠基因与人类基因、老鼠大脑与人类大脑之间有很多类似之处，但不用说，两者之间也存在重要差异。不过，正如我在本章中所展示的，达拉斯有很好的理由相信自己不怕死的性格具有某种遗传基础，尽管他的 $neuroD_2$ 基因可能与此无关。

"有些人格特质是天生的"并不是新闻。我们获得的新认识是逐渐了解到了遗传影响的程度和性质。在本章中，我会超越"基因影响人格"这一模糊的理念，更深入地探究它们在塑造人格方面的作用。

心理学的新基础

查尔斯·达尔文彻底改变了我们对人格差异来源的理解，但他一开始对这项研究并不感兴趣。他在从事更重要的研究：探寻所有生物之间存在全部差异的来源。在引导他得出答案的线索中，最有启发性的线索来自对家畜的饲养。

在饲养的动物中，狗提供了更多有用的信息。在达尔文的时代，人们已经知道，像灰狗和西班牙猎犬这样差别很大的品种都起源于相同的远古祖先。达尔文还知道选择育种取决于父母的遗传特性传递给后代，以及通过“对呈现出理想特征的个体进行精心挑选”而获得新品种。另外，产生差异巨大的新品种是一个循序渐进的过程，是通过一系列微小步骤完成的。正如达尔文 1859 年在《物种起源》中所解释的：

> 当我们比较不同种类的狗以不同方式有利于人类时，我们不该假定所有品种的狗都是突然产生的，并且它们都像我们现在看到的那样完美和有用。的确，在很多情况下，我们知道这些并不是动物自身发展的历史，其产生的关键在于人类积累选择的能力：大自然提供了接连的变异，人类会选择某些对自己有利的品种。从某种意义上看，可以说是人类创造了对自己有用的品种。

当达尔文认识到新品种狗的产生取决于育种者对可遗传变异的选择时，他突然领悟到大自然也在做着相同的事：它选择了那些对野外生存有益的可遗传变异，这些是基因自发的改变。这个自然选择的过程能够确保令人满意的变异被世代传递下去，最终形成了物种的稳定特征。

有关变异的一个很好的例子是 $SLC_{24}A_5$ 基因，它控制着一种黑色素的沉积。这种变异之所以很有趣，是因为它会导致人类肤色的显著改变，使肤色从黑变白。在阳光充足的非洲，黑皮肤有利于阻挡有害的紫外线，同时允许足够的紫外线穿过皮肤，刺激皮肤产生维生素 D，这就解释了为什么非洲当地人具有能够提供大量黑色素的 $SLC_{24}A_5$ 基因。但在远离赤道、阳光稀少的地区，使这种基因失去活力的变异会占据上风，因此造成的白皙皮肤能让有限的阳光更多地穿进皮肤，产生维生素 D。像人类其他很多产生差异的进化一样，基于对特定环境条件的适应，通过意外的 DNA 变异和自然选择，这种肤色的差异变得越发普遍起来。

达尔文并不能提供如此具有说服力的解释，但这并不妨碍他将自己的观点从生物学范畴扩展到心理学范畴。在他看来，选择性繁殖显然不仅影响了动物的身体特征，也影响了其行为特征。例如，育种者不仅能根据狗的体型和大小来选择，还能根据它们的技能（比如放牧或指出猎物的位置）和性格特点（比如宜人性或攻击性）来选择。因此，为什么自然选择的行为特征不会增加生物在野外的适应性呢？在《物种起源》的结尾，达尔文已经非常确信由此可以预测，“在遥远的未来，心理学将建立在新的基础上，也就是通过分级来获得每一种必要的心智力量和能力”。用现代语言来说就是，达尔文预测我们有朝一日对心理学的理解将依赖于影响行为的遗传变异的知识。

然而，达尔文最初并不愿意将这个预测从动物推及到人，仅仅暗示人类的身体特征是起源于动物已给他带来足够多的麻烦。他甚至在一段时间内把人类心理学方面的问题留给其他人去探讨。

自然实验

第一个应对挑战的人是达尔文的表弟弗朗西斯·高尔顿，我们在第 1 章中提过他，他愿意继续探究人类心理学。在高尔顿看来，如果某个物种的典型行为是遗传而来的，那么个体间的行为差异——不同的智力和人格特质可能同样是遗传而来的。

人类有关天赋与性格的变异引起了高尔顿的强烈兴趣。他是一个早熟的孩子，并且对自己的智商和成就感到骄傲。他一直认为自己和查尔斯·达尔文都从他们共同的祖父那里继承了特殊天赋，他们的祖父是杰出的医生兼科学家伊拉斯谟斯·达尔文（Erasmus Darwin）。不过，高尔顿也知道，家庭为他提供了很好的教养，让他处于比普通人的后代更有利的位置，并能够让他充分培养自己所继承的任何天赋。那么，他的才能是来自良好的遗传，还是来自良好的教养？

为了解决这个问题，高尔顿求助于一项自然实验：孪生子。高尔顿知道，有些孪生子长得很像，他们可能有相同的基因；而有些孪生子的相似程度并不比不同时间出生的兄弟姐妹更高。由于同卵的和异卵的孪生子通常都被一起抚养长大，因此每对孪生子都具有类似的抚养环境。如果研究发现，同卵孪生子的行为比那些同性异卵孪生子的行为更相似，这就支持了他的直觉，即遗传的相似性带来行为的相似性。

1875 年，高尔顿的报告称，35 对同卵孪生子比 20 对异卵孪生子表现出更多的行为相似性，他认为，这证明了遗传的重要性。

在《孪生子的经历作为衡量先天与后天相对影响力的标准》（*The History of Twins as a Criterion of the Relative Powers of Nature and Nurture*）一文中，他声称："无法逃避的结论是先天胜过后天。"他通过观察发现，有才能的养父母所领养的孩子并不比普通孩子更有才能，尽管他们为孩子提供了良好的成长环境。这个实验结果也同样支持了他的前一项实验结论。这是人们第一次使用另一种自然实验方法——收养，来评估遗传与教养的作用。

尽管高尔顿研究行为的方法很粗糙，但他得出的结论足以说服大多数杰出的评论家。达尔文在研究了高尔顿出版的一些书后写信给他："我认为这是我一生中读过的最有趣、最新颖的书——你把每个观点都阐释得那么清晰。在某种意义上，你让一个反对者改变了信念，因为我一直坚持认为，除了傻子，人只有通过热诚而努力的工作才能改变智力。"虽然达尔文的称赞在那个时候并非完全合理，但人们后续采用高尔顿的方法进行的更有说服力的研究支持了其研究结论。

有多少人格差异是可遗传的

高尔顿在研究中遇到的最大障碍在于，他不知道如何测量人格差异。在对孪生子的研究中，他试图做出客观的评价，但他很快痛苦地意识到他使用的方法并不好。这些困难令他感到沮丧，于是他转而研究身高的遗传性，因为他可以准确地测量身高。他对父母身高与孩子身高的关系所做的研究，又进一步发展出计算其相关性的公式（我们在前文提到过），后来这个公式经过修改，被用于创建大五人格测试。

大五人格测试正是高尔顿希望得到的研究工具，现在它们常被用来研究基因对同卵双胞胎和异卵双胞胎人格的影响。在当前的研究中，研究者会测试每对孪生子的大五人格，将他们的得分与其他孪生子的得分进行比较。如果基因影响到这些人格特质，那么孪生子的得分多少应该是相似的。基因 100% 相同（因为他们是由一个受精卵分裂而成的）的同卵孪生子的相似性，应该是基因 50% 相同的异卵同性孪生子相似性的两倍。

这些正是研究者的发现。例如，在对几百个被试进行的研究中，异卵孪生子外倾性分数的平均相关系数为 0.23（在 0~1 的量表上）。相比较而言，同卵孪生子之间的平均相关系数是 0.48。人们认为，相关系数的差异（0.48-0.23=0.25）反映了所有基因完全相同（同卵孪生子）和只有一半基因相同（异卵孪生子）之间的差异。因此，这个差值仅测量了一半具有所有相同基因的影响。为了了解基因的全部影响（遗传学家称其为可遗传性），就要把这个差值翻倍，即差值变为 0.5 或 50%。研究者对宜人性、尽责性、神经质和开放性的研究也发现，基因具有大约 50% 的可遗传性。

当研究者刚刚公布了大量有关可遗传性的证据时，又有批评者提出了同卵孪生子有显著的心理相似性的另一种可能的解释：它并非只源于基因，还可能因为人们对待同卵孪生子的方式比对待异卵孪生子的方式更类似。幸运的是，孪生子处于相同家庭环境所受到的影响可以通过另一个自然实验来评估：研究出生后被分开、在不同家庭中长大的孪生子。

明尼苏达大学的托马斯·布沙尔（Thomas Bouchard）和他的同事就是这样做的。他们追踪研究 100 多对被分开抚养的同卵孪生子，并说服他们参加为期一周的心理测试。很多孪生子都成长在非常不同的环境中，有些人甚至身处不同国家和文化，他们的重聚吸引了大量媒体的关注。

被试中的一对来自英国的同卵双胞胎女孩一定会令高尔顿特别感兴趣，因为对她们的研究结果解决了他所疑惑的社会特区问题。这对双胞胎中的一个成长在上层阶级家庭，她就读于贵族学校，其优雅的口音能够证明这点；另一个则成长在贫困家庭，她 16 岁就辍学了，其说话的口音就像伊莉莎·杜利特尔[①]（Liza Doolittle）在遇到亨利·希金斯（Henry Higgins）之前一样。然而，研究结果表明，她们的测试得分非常相似。对其他孪生子的研究结果也是如此。布沙尔总结道："在人格与性格、职业兴趣与业余兴趣、社会态度等多个测量维度上，被分开抚养和一起抚养的同卵孪生子具有差不多的相似性。"这些研究以及其他家庭与收养方面的研究支持了"人格特质具有高度可遗传性"的结论。

人们对同卵孪生子的研究还告诉了我们一些不该被忽视的事

① 伊莉莎·杜利特尔，《卖花女》（*Pygmalion*）中的人物，说话满口乡音。——译者注

实：质疑了一个假设，那就是一起抚养的孩子所处的相同家庭环境造成了其具有某些相似性。如果是这样，那么一起抚养的同卵孪生子的得分应该比被分开抚养的同卵孪生子的得分更相似。然而，就像布沙尔所指出的，他们的得分并没有更相似。没有血缘关系、被收养并生活在相同家庭里的孩子，其得分并没有表现出相同环境所产生的效应。

处于相同家庭环境的孪生子在其人格测量维度上没有表现出效应，这并不意味着父母像家具一样没有影响力。研究结果显示，父母确实会对孩子造成一定影响，但这种影响是通过与每个孩子的独特关系来传递的，其中也包括同卵双胞胎。研究结果还显示，环境对人格造成的大多数影响不能被特定地归因于与家人的互动。

有多少基因变异塑造了人格特质

现在我们知道，基因确实对人格差异造成很大的影响，但它们是如何影响的？为了回答这个问题，我们有必要回顾几个有关人类遗传的事实。

人类基因的总数少得令人吃惊，其数量大约为 2 万个。每个基因都是由组成 DNA 的四种基本单位构成，它们分别是腺嘌呤（adenine，A）、胞嘧啶（cytosine，C）、鸟嘌呤（guanine，G）和胸腺嘧啶（thymine，T）。它们连接成长链，其序列（如 AGACTCAAG……）包含制造特定蛋白质的指令。每种蛋白质与其他多种蛋白质相互作用，构成并维持着我们的生命。数量如此少的基因却足以完成这么复杂的任务，其主要原因在于各种基因组合协同工作，控制着我们的生理及心理功能。另外，每种基因和蛋白质的作用都会给其他很多基因和蛋白质带来影响。

基因主要是通过打开或关闭彼此的活动来相互作用的。因此，每个基因都有一个专门的DNA片段，它被称为启动子（promoter）。其作用就像调节器，控制着基因制造的蛋白质数量，其内部信号或环境信号能够调高或调低这个调节器，从而控制DNA的其他部分发挥作用。这个过程被称为基因表达的调节，其调节着构成我们身体和头脑的蛋白质数量。

调节不同细胞中各种基因的表达可以解释仅有2万个基因如何能产生如此复杂的事物，但却无法解释我们可遗传的差异。基因的变异——DNA调节区或DNA中碱基序列的改变可以解释这些差异。这些变异已被储存在人类共同的基因库中，即人类基因组。这些源自随机变异的DNA结构的改变会导致特定蛋白质的制造发生巨大的改变，或者导致身体内蛋白质发挥功能的方式发生巨大的改变。有些变异（如数十亿人携带着影响肤色的变异）很常见，而有些变异则非常罕见。基因变异分类（从人类基因组中进行的个人选择）所产生的组合效应，定义了我们的遗传具有独特性。

不过，并非所有的基因变异都像控制人类皮肤颜色的变异那样，只需很少的数量便会有非常显著而重要的影响。例如，几百种不同基因共同作用才能影响人类的身高（在营养良好的人群中，其身高大约具有80%的遗传性），而每种基因只能起到微小的作用。具有高度遗传性的人格特质也是如此。

人格特质反映了多种基因变异的共同作用，与其相关的具有说服力的证据来自老鼠的选择性育种。一个著名的例子是约翰·德福瑞斯（John DeFries）对看似简单的老鼠特质的经典研究：倾向于探索不熟悉的、可能有危险的领域。这个人格特质与大五人格中寻求刺激和焦虑有关，高度寻求刺激性会增加冒险，而高度焦虑会抑制冒险。这些方面还会影响人们对风险的承担，它是杰森·达拉斯所研究的人格特质中非常受重视的部分。

为了准备这次实验，德福瑞斯随机选择了 10 只老鼠幼崽，观察它们在照明充足的大盒子里的行为。这个大盒子被称为开放场地。老鼠喜欢昏暗狭窄的空间，但它们存在着个体差异：有些老鼠在开放场地里僵住不动，就像在车头灯照射下受惊的鹿；而有些老鼠则会到处嗅，进行探索。电子传感器测量每只老鼠的行为，并记录它们在 6 分钟内行走的总长度。德福瑞斯得到每只老鼠幼崽的记录后，有选择性地养育了两个极端的品种：他让老鼠中最活跃的雄鼠和最活跃的雌鼠交配，它们就成了我所说的无畏品种的奠基者；他还让最不活跃的雄鼠和雌鼠交配，它们便成了我所说的焦虑品种的奠基者。然后，德福瑞斯另外挑选了 10 只老鼠幼崽，随机选出雄鼠和雌鼠两两交配，它们成了控制品种的奠基者。他对每一代老鼠都重复这个过程。老鼠的孕期只有 3 周，小老鼠大约 3 个月就能达到性成熟，因此，他可以在 10 年内对 30 代老鼠后代进行培育并评估。

研究结果非常显著。经过 30 代之后，无畏品种的后代基本上都会在开放场地中自由地漫步；与之相反，焦虑品种的后代基本上都蜷缩在箱子的角落里；控制品种的后代则保持着最初适中的冒险水平，且经过 30 代依然没有什么改变。

另外一个重要发现是两个品种后代的行为差距是循序渐进的，且一代代稳定增加。当把无畏品种在开放场地的行为绘制成图表时，它看起来就像一只长期上涨的股票，在 10 年里逐年增长。相比较而言，焦虑品种的行为绘制图形看起来就像衰退行业中一家没有竞争力的公司股票走势，其走势不断向下直到停留在零附近。这种逐渐改变的图形有两个含义：许多基因的变异共同影响了这种人格特质；在每一代中选择了更多的相关基因变异，其行为效应也在不断积累。对这些老鼠 DNA 的直接分析也证实了这些结论。

遗传思考与遗传测试

当行为科学家积累着很多有关基因变异共同影响人格差异的证据时，遗传学家还在忙着破解人类和老鼠基因组的 DNA 序列以及常见的基因变异结构。这为探索整个基因组中影响老鼠和人类人格特质的变异提供了基础，但这种使用全基因组的研究方法进展缓慢。

人们取得的有限成功令人沮丧，有些研究者采取了更为具体的方法。这种方法基于某些药物知识，比如使用百忧解（Prozac）和利他林（Ritalin）会影响人格，而且它们是通过影响大脑中血清素（serotonin）或多巴胺（dopamine）的作用方式来影响人格的。这就产生了以下可能性：控制脑中血清素或多巴胺发生特定活动的遗传基因变异，可能会导致可遗传的人格差异。为了研究这种可能性，研究者检验了几十种基因的变异，查看它们是否与人格测试分数相关。

研究者检验的所有基因都会影响大脑的情绪回路。其中，他们研究最多的是血清素转运体（SERT），它之所以被单列出来，是因为其制造了血清素转运蛋白质，即使用百忧解所促进的物质。令人恐惧的经历会激活神经细胞，促使血清素转运蛋白质从神经细胞周围的液体中吸收（转运）血清素，这样血清素就能被再次利用。通过控制浸泡在神经细胞中的血清素数量，血清素转运蛋白质影响着情绪反应的强度。因此，我们很容易就能联想到血清素转运体基因发生变异会如何影响（如控制恐惧这类特质）大脑回路的调节。

为了了解血清素转运体基因是否会影响人格，研究者集中研究了两种常见的变异：一种具有长启动子，另一种具有短启动子。一些研究还发现了同时具有两种长启动子的基因人群，他们产生的血清素转运蛋白质较多，且在神经质方面得到的平均分数较低。另外，大脑成像研究显示，如果让这类人看恐怖的图片，他们的杏仁核激活程度会较低——杏仁核是参与恐惧加工的大脑结构。这些研究都说明，血清素转运蛋白质的数量变化可以解释一部分（但只是很小的一部分）恐惧倾向的变化。

人们对另一种基因 DRD_4 进行的研究也得出了类似结论，这种基因促使多巴胺受体的形成。科学家之所以研究这个基因，是因为利他林（Ritalin）和安非他明（amphetamine）通过释放多巴胺来刺激产生行为，多巴胺的释放能够激活多巴胺受体。研究者发现，DRD_4 基因发生变异的人在追求新颖和冲动性方面的得分与常人不同，这些特质被认为都会受到多巴胺的影响。这些研究结果再一次表明，基因变异仅仅是这些特质发生变化的部分原因。

因此，不要忙于到最近的 DNA 检测服务机构去测试你的血清素转运体和 DRD_4 基因：它们只是成千上万个共同影响人格的基因变异事件中的个例，有时会以意想不到的方式对人产生影响。尽管新技术（比如人类 DNA 的完整测序）最终将被用于寻找影响某些特质的变异，但想要找出塑造某种人格的多种混合变异依然会非常困难。

不过，这类基因检测目前还未被证明是有用的，但这并不意味着可以不考虑遗传因素。在试图了解某人时，我们采用这种方法仍然有助于理解某人特定组合的基因发生变异会对其人格产生哪些实质性的影响，而我们清楚地知道这些变异源自哪里。

多样性的根源

我们对人类基因组中累积的许多有关变异的认识都建立在达尔文的重要观点基础上，即环境不断选择那些增加适应性的变异。例如，稳定的环境因素，如相对较少的日照会对基因变异施加一种无情的选择力，最终使北欧人的皮肤变白。然而，达尔文也意识到，环境在进化过程中不断发生改变，导致其选择了适合不同偶然性的变异，其中也包括影响人格的变异。

为了理解我的话，让我们思考一下影响老鼠变异选择的相关环境，这个变异选择控制着老鼠在开放场地中的行为。在有很多捕食者的危险环境中，较为谨慎的变异基因会被选择，因为携带这种变异基因的个体更有可能活到繁衍后代。但是当猫不在时，老鼠会出来玩耍。在比较安全的环境中，敢于探索的变异基因会被选择，因为携带这种变异基因的个体会找到更多的食物和性伴侣。不同的环境会不断发生变化，使这两种变异类型都保留在群体基因库中。另外，随着物种的不断进化，很多变异会被保留下来。这就解释了为什么出现在远古祖先身上的变异也能被传递到我们身上。

捕食者并不是人类选择可遗传人格特质最重要的工具，最重要的选择工具应该是人。我们依赖捕食者，与他们竞争，与他们进行互动时所使用的许多策略有利有弊。这些不断变化的社会环境影响了我们对人格的各种基因变异做出的选择。

我们根据大五人格量表的得分进行思考，有助于理解每个倾向上的高分或低分都各有利弊。例如，高外倾性的人享受着与他人频繁交往的乐趣，以及因凡事带头而产生的机会。研究结果表明，像比尔·克林顿这样的人倾向于拥有更多的性伴侣，在不采取避孕手段的时代，这会使其有更多的孩子——达尔文的适应性特质黄金标准（Darwin’s gold standard for an adaptive trarit）。但是频繁约会伴随着风险，凡事带头可能会引发嫉妒和暴乱。高度地寻求刺激性会增加发生事故、参与犯罪活动、被拘捕甚至被对手杀死的可能性，因此具有高度的外倾性有利有弊。

具有高度宜人性同样有利有弊。通过促进合作，具有高度宜人性的人能够建立起联盟，为共同的利益、为防御敌对群体而汇集资源。具有高度宜人性的弊端是这类人会增加被别人利用的可能性。相比较而言，不友善的人更有可能为自己、为自己所相信的事而奋斗。研究结果表明，尽管宜人性高的人是受重视的团队成员，但他们赚的钱比较少。相反，宜人性低的人更有可能在其领域中晋升到更高的位置。

具有高度尽责性同样有利于人们取得伟大的成就，高度尽责性的益处包括人们能进行有目的的自我控制和制订长远的计划。但高度尽责性的人也具有类似完美主义的潜在弊端，而且在面对具有挑战性的情况时，他们无法放弃经过充分实践的常规理念。高度尽责性的人始终持有长远的观点，不会投机取巧，这表现为其有较少的性伴侣、较少的孩子，以及其基因传递也较少。另一方面，他们生育的孩子更有可能享受到来自父母的疼爱。

只具有高度神经质似乎并不值得推崇，因为它只会增加令人痛苦的消极情绪。然而，世界可能处处存在危险，如果恐惧、悲伤等情绪能得到适当的调节，它们便具有适应性。研究结果表明，如果高度神经质的人具有的其他特质能够避免他们陷入持续苦恼的情绪中，那么就表明高度神经质与成就和创造力有关。西格蒙德·弗洛伊德（Sigmund Freud）就是一个例子，他本人就具有高度神经质。

与“高度神经质一无是处”的想法相比，大多数读者都会认为具有高度开放性是完全有益的。这是因为具有高度开放性的人重视好奇心，他们对新观念很感兴趣。但是具有低开放性的人却很乐意舍弃这些乐趣，以此换得传统和稳定所带来的安心感。

事实上，某个特质的等级具有优缺点并不意味着我们可以有意识地对其进行选择。我之所以指出它们在各种社会环境下带来的相对代价和收益，是为了帮你认识到为什么很多影响特质的记忆变异都被保留下来。此外，影响一种特质的变异会被选择出来，用以平衡其他特质。例如，我们很容易联想到，有利于高外倾性变异选择的环境是如何通过选择有利于高尽责性的变异环境来达到平衡的。

这种选择性力量的平衡也可以控制具有某种高表达或低表达人格特质的人口比例。例如，想一想具有高宜人性和低宜人性所占的人口比例。在几乎每个人都具有高宜人性的人群中，稀少的反社会者（低宜人性）会发现很容易就能窃取热心邻居的资源。这些窃取来的资源使得反社会者可以生养更多的孩子，相应地，他们低宜人性的基因变异也将遗传下来。不过，随着反社会者人数的增加，具有高宜人性的邻居们会团结起来，建起防御设施以保护自己的资源，阻挡这股不断增强的趋势。经过很多代人后，这些力量会逐渐达到稳定的平衡，最后的结果可能是留下少数狡猾的反社会者和大多数宜人性比较高的人。

伟大的人格差异观

我们认识到，人类心理的多样性反映了自然选择相互冲突的力量，这对我们理解人格具有深远的影响。不过，很多人依然不愿接受这个观点，因为它让我们面对着人类具有原始动物本性的事实。达尔文自己也对这种看似具有反人文主义的含义感到纠结，但他无法忽视那些支持自然选择的证据，他最终认为，进化是令人敬畏、令人惊叹的。正如他在《物种起源》中著名的最后一句话所解释的："这种生命观是伟大的……从如此简单的生命开始，最美丽、最精彩的生命形式曾经并且正在无穷无尽地进化着。"

在我看来，认识到基因变异的自然选择对人格差异具有很大影响，这是这种伟大的生命观的最好例证。正如我将在第 4 章中所展示的，它为我们更深入地分析几十年来人逐渐发展出独特人格的过程开辟了道路。

实用总结

在本章中，我大概探讨了证明人格差异主要受基因组成影响的证据。如果你曾怀疑一个人独特的混合基因变异会影响其特征的存在方式，那么我希望你现在已经不再怀疑了。

不过，基因并非独自发挥作用，文化、社会和家庭同样对我们的人格塑造有影响。另外，我们很难分清遗传和环境造成的影响，而对人格的研究同时反映了这两种影响因素。

实用总结

在寻找人格具有多样性的原因时，承认机缘的重要性同样重要。正是机缘让你的父母在一起。正是机缘让你父亲的某个精子（包含随机选择的他的一半基因）与你母亲的某个卵子（包含随机选择的她的一半基因）结合，形成了你独特的基因组合。正是机缘让你在某种特定社会和物质环境中成长及生活。当认识到塑造自我的很大一部分原因都可以追溯到出生、成长和后续生活的生物及环境中发生的偶然事件时，人会变得谦卑。

然而，认识到机缘对塑造你的人格有多么重要，并不意味着可以不再对自己的行为方式、你是谁以及将成为谁等问题负责。它可以让你更多地了解自己和人类的多样性，还可以使你在批评指责他人时更有节制且更善于宽恕他人。

P 某人的基因与人格

1. 以前，当你思考 P 某人为什么会有那样的人格时，你是否试图得出“她天生如此”的结论？或者认为这是教养的结果？现在，你怎么看这个问题？

2. 你对基因影响 P 某人人格的认识是否改变了你对她的看法？如果有改变，那么发生了怎样的改变？

3. 你是否熟悉 P 某人的父母、兄弟姐妹或孩子？你是否注意到他们在人格上有着明显的相似之处和差异？现在，你发现这些观察变得更令人困惑还是变得不那么令人困惑了？

4. 认识到基因、生活事件和机缘在塑造 P 某人人格方面的作用，这让你更能接受还是更不能接受她恼人的品行了？

第 4 章　塑造个人的大脑

当我还是个初出茅庐的精神病医生时，一位同事告诉我一个了解新病人的窍门。在病人第一次来访时，他暂时把病人想象成一个 10 岁的孩子。这个练习的目的在于忽略病人目前存在的问题，而把病人想象成依然很年幼。她很害羞还是很受欢迎？他是个恃强欺弱的人还是个懦弱的人？

我发现这个窍门很有用，因为它立即唤起了我的同情心：病人孩子的形象让我的心变得柔软，充满同情，而且它还可以让我依靠直觉对其做出进一步探索。将病人想象成上小学时的样子，有助于激励我了解其人格发展。

我是在 20 世纪 60 年代学到这个窍门的，当时我对人格发展的有限知识都建立在埃里克·埃里克森（Erik Erikson）的观点基础上。埃里克森是一位儿童精神分析师，他认为从依赖性非常强的婴儿能够发展为负责任的成年人，我们经历了一系列定义明确的阶段。在他看来，人发展的早期阶段最为重要，他认为这些阶段会对人格留下持久的印迹。正如他在《童年与社会》（*Childhood and Society*）中所解释的：

> 每个成年人都曾经是一个孩子。这个成年人曾经很弱小，而在他的内心弱小感已形成了根深蒂固的基础。他会比照这种弱小感来衡量自己的成功，他的失败将会证实这种弱小感。关于谁更强大、谁能 / 不能做这件事 / 那件事以及对谁做等问题充斥着这个成年人的内心生活，而这些远远超出了他所理解的以及规划的必要性和期许性。

埃里克森的人格观点很吸引人，令我们想起童年事件对我们的持久影响。但是，他遗漏了两件事：基因和大脑。当埃里克森就个体差异的发展著书立说时，因为当时人们对遗传变异的影响知之甚少，他假设了这些差异主要源自教养和生活经历。在描述从一个阶段向另一个阶段的过渡时，他将其看成是对一系列挑战的心灵反应，因为当时没人了解正在发育成熟的大脑中发生了什么。

这种情况终于发生了改变。我们现在已经对大脑如何在基因变异和环境的引导下发展有了大量认识。我们不再认为自己在用与生俱来的大脑解决青少年时期的挑战，而是逐渐认识到，每个大脑就像每张面孔一样，有它内在的塑造计划。而且，大脑的塑造计划并不是专业建筑师使用系统化的方法制订出的。相反，每个大脑采用同样的塑造方案会把承包商逼疯，由于遗传和环境所导致的变化，使得大脑的重塑项目仍在持续进行。

大脑这种持续不断的重塑有一个目的。在 20 多年的基本塑造过程中，大脑的塑造计划始终保持着根据独特基因和环境组合做出调整的可能性，使我们每个人逐渐塑造出真正属于自己的大脑。大脑渗透着组成独特人格的要素，这些人格还将继续指引着我们接下来的人生。

大脑的自我塑造

成年人的大脑由大约 1 000 亿个神经细胞［nerve cells，又称神经元（neuron）］构成，其中大多数神经元在我们出生前就形成了，但并非所有的神经元都生而平等。在受精卵分裂时，它产生出多种类型的原始神经元，每种注定会在大脑中发挥特定的作用。打开和关闭特定基因的过程大致决定了这些原始神经元（primitive neurons）的命运，它们在化学信号（原始神经元对它们有选择地作出反应）的指引下迁移到指定位置。到达指定位置后，它们开始与其他神经元建立连接，形成神经回路和神经网络（the neuronal circuits and networks），这些神经回路和神经网络是我们产生所有行为的基础。

为了构建这些连接，神经元形成被称为树突（dendrites）的枝杈以接收信号，形成被称为轴突（axons）的其他枝杈以发送信号。树突比较短，布满了刺状突起；轴突比较长，足以触及大脑中任何地方的其他神经元，它们被一簇簇称为扣结（boutons）的小神经末端包围。一个神经元的扣结与另一个神经元的树突之间的信号传递都发生在突触这个结构上。

当扣结向树突棘（synapse）释放神经递质（如血清素或多巴胺）时，突触会被激活。神经递质穿过突触与嵌在树突棘中的受体（receptors）结合，将信息传递给树突，这个过程被称为突触传导（synaptic signaling）或突触信号（synaptic transmission）传送。

许多突触传导都产生于神经元之间，传导过程由几十种不同的神经递质所控制，它们从扣结喷射到树突棘的受体上。每个神经元都会制造特定的神经递质，展示出一套特定的受体。因此每个神经元之间既具有特定的空间位置（由它在大脑回路中的位置界定），又具有化学特征（由它的神经递质和受体界定）。

人在一出生时，神经元便开始了集合成回路（circuits）和网络（networks）的复杂过程。杏仁核（amygdala）里的一些回路在人的婴儿期（infancy）就能发挥作用，我在探讨血清素转运蛋白质时提到过这个脑结构。杏仁核是一套具有复杂回路的中枢，这些神经回路整合着我们的情绪，婴儿用这些婴儿期的神经回路体验喜悦、满足、恐惧、愤怒和分离的痛苦。在接下来的 20 多年里，这些控制情绪的神经元被逐渐安排就位，它们对发展人格具有很大的作用。

神经回路的发展成熟并不仅仅取决于增加新的突触连接，当有用的连接被加强时，其他连接则会被消除。同样的选择性重塑过程也适用于神经元本身。有些神经元生长并萌发出更多的分支，有些神经元则被专门的细胞死亡机制——细胞凋亡（apoptosis）所破坏，这些都是发展过程不可缺少的部分。胎儿期（fetal life）和出生后的第一年里很多细胞都会凋亡，但有些细胞则会从青春期（adolescence）到成年期（adulthood）还在持续生长。

最著名的大脑重塑事件发生在下丘脑（hypothalamus）的一组神经元中，下丘脑对男性或女性性行为模式的塑造发挥着重要作用。在女性胎儿中，这些神经元会凋亡，这是塑造女性特有的性神经回路发育程序的一部分。但在男性胎儿中，来自胎儿睾丸的睾酮使这些神经元逃过了细胞凋亡，刺激它们形成男性特有的大脑回路。睾酮发挥这种作用的时间非常关键，如果在胎儿发育过程中作用得太迟，那么下丘脑中的重要神经元已经凋亡，大脑就开始了不可逆转的女性发育过程。其他神经元凋亡的调节者同样对行为具有决定性的作用，但都不如睾酮的作用明显。

具有脂肪性质的髓鞘（myelin）不断包裹轴突的过程也能改变大脑回路。髓鞘就像包裹着电线的绝缘层一样，能够加快电信号的传导速度。在遗传控制的神经回路发展中，髓鞘化通常是最后也是最关键的一步。

尽管每个人的大脑中都存在这种发展程序，但它们各不相同，因为大脑的结构细节受个人基因组中数以千计的基因变异的影响。而且大脑在组装过程中还会发生一点儿凌乱，因为在神经元的活动和重要基因的表达中会发生随机变化。这就是为什么同卵双胞胎的大脑也不会完全相同的原因。

对于大脑结构是逐步塑造的了解，可以解释为什么大脑回路及其所控制的人格很难发生倒退性的改变。神经元一旦占据了大脑的位置，它们便会相当稳固。神经元一旦建立起有用的连接，这些连接就会一直保持。尽管神经元间始终存在残余的改变能力，但其需要付出很多努力才能重塑 20 多年里由发展程序所构建起来的结构，就连人类出色的学习新事物的能力也不足以应对这个挑战，即改变由这种方式构建起来的模式。这些模式同样受到在大脑发展关键时期个人所处环境的影响。

大脑发展的关键时期

大脑发展所指的关键期就是窗口期，这一时期所接收的重要的环境信息可能会影响特定的大脑回路。这类信息的出现会以持久的方式影响大脑回路。当这种影响结束，窗口便会关闭。

康拉德·洛伦兹（Konrad Lorenz）对小鹅行为所做的研究是有关关键期最著名的例子。洛伦兹发现，每只被孵化出的小鹅会特别关注第一次看到的移动生物，通常会把它当作妈妈，并把这个信息立即印刻在自己的大脑中，还会踩着可爱的步伐一直跟着它。但如果在小鹅孵化时移开母鹅，用其他会动的生物代替——比如洛伦兹自己——小鹅就会记住他。被孵化的小鹅跟着这位第一次看到的大胡子科学家的照片真实地记录了这种结果。

另一个著名的例子是公鸟发声发展的研究，其中也涉及社会互动。在这个例子中，大脑发展的关键期不限定在公鸟孵化后的几分钟里，而是持续几个月。在这段时间里，每只年幼的公鸟通过不断模仿成年公鸟的复杂叫声来塑造自己天生很简单的叫声。如果在这个关键时期中没有这种指导，它将永远不能像成年公鸟那样鸣叫。

对小鹅和公鸟关键期的相关研究，为我们提供了接收重要环境信息的机会，这些信息对每个物种来说都具有独特的价值。对人类来说，学习说话是值得注意的例子，人的说话能力可以在其持续十多年的关键期中得到发展。在这个时期，儿童不仅学会了他们的母语，还学会了伴随其成长过程中的人的口音（尤其是同伴的口音）。当这个关键时期结束时，他们便很难像当地人那样说话了。这就是为什么像亨利·基辛格（Henry Kissinger）这样的移民，他在十几岁的时候学习英语始终带着外国口音的原因。我们甚至可以通过这种方式发现移居到其他地区的本地人：我在加州生活了 40 多年，也没有消除自己在纽约市生活过的口音。

尽管研究者对大脑发展的关键期进行了多年研究，但我们对大脑在这一期间接收信息的数量和停止接收信息的方式依然知之甚少。研究者对主要信息有了明确的了解：在特定时期，某些大脑回路被构建起来，而且其性质趋于稳定。在人格的多方面发展中，类似的过程似乎同样发挥着作用。

我的孩子会是什么样

尽管婴儿在刚出生时大脑是不成熟的，但其立即会成为世界的积极参与者。一开始，他只能用哭来表达痛苦，用牙牙学语来表达满足。但随着新的大脑回路的形成和其他大脑回路的重塑，在生命最初的几年里，婴儿的行为能力会迅速增长。

随着大脑的不断发展，父母会疑惑是否能通过孩子早期的行为模式了解其成熟后的人格。研究者曾尝试通过反复监测孩子从婴儿期到成年期的行为来回答这个问题。由于每个研究团队都使用自己的系统来描述行为模式，因此很难比较这些结果。不过现有的共识是，有些孩子的早期行为模式会一直持续，而有些孩子的早期行为模式则会发生很大改变。

一些孩子早期行为模式具有持续性的证据来自斯特拉·切斯（Stella Chess）和亚历山大·托马斯（Alexander Thomas）的开创性研究，这两位儿童精神病学家是夫妻。他们通过对婴儿的观察，发现了三类行为模式并称之为气质。有 40% 的婴儿属于“容易型”，他们可以毫无困难地应对新情况，对改变具有很高的适应性，通常遇到挫折不会焦躁不安，情绪也不会变化无常。相比之下，有大约 10% 的婴儿属于“困难型”，他们急躁易怒，表现出强烈的消极情绪，很难适应改变。另外有 15% 的婴儿属于“迟缓型”，他们在新环境中一开始会感到不适，但反复接触后便能够适应。其余 35% 的婴儿则表现出混合的模式。

研究者追踪研究这些婴儿，直到他们成长为年轻人。追踪研究结果显示：对整个被试群体来说，随着时间的流逝，气质只具有轻微的一致性。他们在 1986 年得出的结论与我们所知的非常符合：成熟因素、神经生理学改变和许多环境因素的影响会造成某些个体持续性以及其他个体的改变。

杰罗姆·卡根（Jerome Kagan）带领进行的一系列研究同样

发现了个体持续性和改变的证据。卡根根据儿童在 2 岁和 7 岁时是否愿意与不熟悉的人交往，把儿童分成了两个子群体——拘谨型和豪放型。当他们成长到青春期时，卡根再次对他们进行测试，发现大多数拘谨型的孩子依然文静而严肃，只有 15% 拘谨型的孩子能达到豪放组的平均活跃和健谈程度。而有 40% 豪放型的孩子在青春期时依然保持了这种风格，仅有 5% 的孩子会变得抑郁而安静。正如卡根所总结的："大约有一半青少年保持着预期中的行为举止，而仅有 15% 的人行为举止发生了重大改变。"

在两组成员到 22 岁时，研究者依然能观察到这种行为的持续性。在大脑成像研究中，拘谨组孩子在看到陌生人脸的照片时，其杏仁核会变得比较活跃。他们对新面孔比较强烈的情绪反应让人联想到其一两岁时对陌生人的高度警戒。其他研究者也发现，儿童的很多性格特征会保持到成年。

对于在小学就表现出反社会行为的孩子，他们这种性格特征会持续到成年期的证据尤其明显。如果在 10 岁之前，根据他们的攻击性和冲动性足以确定其存在行为障碍，那么他们长大后很有可能继续保持着这种反社会行为模式。相比较而言，直到青春期都没有表现出反社会行为的孩子更容易被改造，他们很有可能成为守法的成年人。

儿童在童年时很突出的其他行为类型到了青春期时会发生很大改变，包括一些被认为是遗传的行为。例如，儿童在童年时遗传性的恐高、恐蛇或恐血通常在其进入青春期时会消失。这些以及其他一些可能会增强或减弱的遗传效应最终会发挥怎样的作用，部分取决于其与环境的互动。

基因与环境的对话

人们对具有反社会人格的人进行的研究，为我们提供了人格是由基因与环境共同作用的有力证据。看过《黑道家族》(*The Sopranos*) 的人都知道，反社会行为具有家族性，研究结果表明，有 10% 的家庭犯下了社会中的大多数罪行。因此，人们对孪生子的研究发现，其反社会特质具有 40%~50% 的遗传性。此外，被反社会家庭领养的孩子出现反社会人格模式的可能性会增加，尽管他们在基因上没有关系。

关于家庭环境重要性的进一步证据，来自对一群新西兰达尼丁市孩子进行的研究。研究者招募了 1037 个从 1972 年 4 月到 1973 年 3 月出生在这个城市的孩子，在他们 26 岁之前对其进行多次评估，并保存了用于后续分析的数据。这些数据提供了有关整个社区中儿童发展的详细信息，并且没有对可能出现的概念先入为主。

研究中一个值得关注的发现是很多孩子都受到了虐待：有 8% 的孩子受到了严重的虐待；有 28% 的孩子很可能受到了虐待；仅有 64% 的孩子没有受到虐待。不过，我们不该认为这意味着新西兰人特别凶恶。对 8 667 名美国成年人严格控制下进行的访谈表明，有 22% 的人称童年时受到过性虐待，有 21% 的人称受到过身体虐待，有 14% 的人称曾看到自己的母亲被打，很多人称遭遇过所有情况。大部分人还描述了自己反复遭受的情感虐待。

研究者发现达尼丁市有大量的儿童受虐情况后，他们猜想，这是否会与反社会人格模式的发展有关。为了解答这个问题，他们把研究重点放在男孩上，因为男孩比女孩更有可能出现反社会人格模式。他们发现，男孩的受虐待程度确实与其反社会行为程度相关，但也存在着很大的个体差异。有些受到严重虐待的男孩出现了反社会人格模式，而有些却没有。这是为什么？

一种可能性是成为反社会人格模式的男孩具有相应的遗传倾向。例如，他们可能天生就目中无人或具有攻击性，这会使其招致更多的虐待。儿童天生倾向于父母反应对自己的相互作用，这是同一个家庭长大的孩子为什么会非常不同的一个原因，这些研究成果也同样在达尼丁市的研究中发挥了一些作用。但在这个例子中，研究者决定进行更具体的研究，寻找影响反社会人格的单个基因变异。

一开始，他们检测了一个似乎合理的怀疑对象：MAOA 基因（MAOA gene）。这种基因会制造单胺氧化酶 A（oxdase-A）——一种能降解血清素、去甲肾上腺素（norepinephrine）和多巴胺的酶，这三种神经递质都控制着涉及情绪与行为的大脑回路。MAOA 基因的两个特点使其看起来与情绪和行为相关：大脑中单胺氧化酶 A 水平会影响许多反社会行为；MAOA 基因启动子（MAOA gene's promoter）的变异控制着大脑中产生不同数量的单胺氧化酶 A。此外，MAOA 基因碰巧位于 X 染色体上，这简化了研究者对男孩的研究，因为他们只有一条 X 染色体（女孩有两条）。在达尼丁市的研究中，有 63% 的男孩具有高度的 MAOA 基因变异，这会造成其大脑中产生大量单胺氧化酶 A；有 37% 的男孩具有低度的 MAOA 基因变异，这会使其大脑中的单胺氧化酶 A 数量减少。

高度或低度的 MAOA 基因变异是否与反社会行为相关？研究发现，单独的基因变异与反社会行为没有相关性。没有受过虐待的男孩无论具有怎样的基因变异，几乎都没有反社会行为。但在受虐待的孩子中，基因变异存在着显著的效应，具有低度 MAOA 基因变异的受虐孩子更有可能有反社会行为。

研究者后续对一些反社会男性的研究支持了这些发现，并且对经历过童年性虐待的美洲印第安女性的研究也支持了这些发现。在这项研究中，虐待同样与反社会行为模式相关，具有双倍低度 MAOA 基因（每条 X 染色体上各一个）的受虐待女性出现反社会行为的比例最高。相比较而言，具有高度 MAOA 基因的受虐女性出现反社会行为的比例最低。此外，像男性一样，如果没有受过虐待，MAOA 基因就不会对反社会行为产生影响。

这并不意味着天生具有低度 MAOA 基因变异是一个坏消息。单胺氧化酶 A 或多或少会对大脑功能产生影响，造成有利或不利的结果，而其结果取决于个体的环境、其他基因变异以及对人格的领悟。研究者对童年受虐待和 MAOA 基因的研究具有更普遍的意义，它解释了以下原则，即遗传差异能够影响童年环境对人格的作用。

对基因表达的持久影响

环境也会以另一种方式发挥作用：环境会对影响行为的基因表达产生持久的效应。迈克尔·米尼（Michael Meaney）的实验室研究提供了一个很好的例子，他们研究了母鼠的照料方式对小鼠人格的影响。首先，他们比较了两类母鼠对其后代的行为：一类是多舔型，母鼠起劲地舔它们的幼崽，给它们进行梳理；另一类是少舔型，母鼠对舔幼崽不太积极。几个月后，研究者对这些老鼠后代进行测试，与少舔型母鼠养育的后代相比，多舔型母鼠养育的后代不太胆怯，对压力的反应不会过于强烈。另外，它们的情绪稳定性不仅体现在行为测试（如开放场地）中的活动，还体现在其血液中糖皮质激素（glucocorticoids）水平的变化，这是一种由肾上腺（adrenal gland）释放的应激激素。

被舔得多的幼鼠产生的稳定情绪是否是由母鼠的养育行为所造成（后天）的？抑或多舔型母鼠是否能够通过 DNA 将遗传差异传递给幼鼠（先天）？为了找出答案，研究者将出生后不久的多舔型母鼠所生幼鼠与少舔型母鼠所生幼鼠立即进行交换，采用的是高尔顿提出的区分先天和后天的收养方法。交叉抚养的结果显示，小鼠的情绪和行为之所以产生差异，关键在于母鼠的行为，即后天造成，而产生差异的原因并不在于母鼠的基因。在养育能够抗拒压力的幼鼠方面，多舔型养母鼠像多舔型生母鼠一样有效，反之亦然。

观察了这些行为结果之后，米尼和他的同事开始寻找两类幼鼠大脑中存在的差异。他们发现，多舔型的动物大脑中具有更活跃的制造糖皮质激素受体的基因，糖皮质激素受体是一种能够对糖皮质激素作出反应的蛋白质。他们能够在控制情绪的大脑回路神经元中观察到这种改变。研究者可以在培育一周的幼鼠大脑中观察到这种改变，并且这种改变会持续其一生。

为了研究这种改变是如何发生的，研究者寻找糖皮质激素受体（glucocorticoid receptor，GR）中发生的改变，这种糖皮质激素受体调节着基因的活动。我们知道，被称为后生改变（epigenetic change）的天然生物化学反应能够改变启动子（promoter），而启动子会增加或消除 DNA 某个精确位置上的甲基（methyl），这样的后生改变有可能改变启动子的效果，从而改变基因的活动。研究者发现，多舔型动物的糖皮质激素受体的甲基化程度较低，并在其大脑 DNA 中发现了这种改变。这种改变是养育方式造成的，大脑由此会产生更多的糖皮质激素受体。

此外，行为引发的糖皮质激素受体的甲基化改变会一直保持到多舔型动物长大，以及糖皮质激素受体的活动也是如此。这些动物的 DNA 发生的持久后生改变和由此导致的糖皮质激素受体增加，改变了控制应激反应的大脑回路环境。这个结果对其人格具有持久的影响。

研究者对多舔型动物的研究吸引了大量关注，因为其对相关领域都具有意义。遗传学家喜欢这项研究，因为其证明了环境引发基因发生化学改变的重要性。心理学家喜欢这项研究，因为其证明了行为对基因造成的巨大影响类似于基因对行为造成的巨大影响。神经学家喜欢这项研究，因为其增加了他们对生活经历能够引发大脑回路持久改变的认识。人的生活经历，尤其是早期的生活经历会造成其 DNA 发生后生改变，这种改变对人格具有持久的影响。这一发现的实用意义让所有人感到震撼。

这类环境引发的后生改变会随着我们的成长不断积累。我们通过对同卵孪生子进行的研究认识到这一点。这些孪生子源于同一个受精卵（fertilized eggs），其一开始具有相同的 DNA。但是随着同卵孪生子的成长，他们的 DNA 甲基化形式开始逐渐出现不同。这些 DNA 出现的后生差异被认为一部分源于孪生子成长环境中出现的多种差异。尽管我们还不知道这些后生差异在功能上的重要性，但可以合理地认为其造成了同卵孪生子之间可以被观察到的差异，其中也包括人格的差异。

青春期的重塑

尽管大脑的许多发展都发生在胎儿期和童年期，但其在青春期也会发生大量的重塑。大脑的一些结构重塑开始于下丘脑（hypothalamus）中数千个专门的神经元，并且其会触发青春期发生的激素变化。这些神经元会制造出一种微小的蛋白质——促性腺激素释放激素（gonadotropin-releasing hormone，GnRH），其向脑下垂体（pituitary grand）发出信号，激活女孩的卵巢和男孩的睾丸，促进其释放出雌激素和睾酮。这些激素的突然增加会改变、放大并激活胎儿最初构建起来的控制性行为的大脑回路。

性激素还能发挥很多作用。通过激活具有雌激素或睾酮受体的神经元，性激素会改变大脑许多其他回路的活动和环境，这会引发了人在青春期出现典型的行为改变，比如增加其性兴趣、冒险性、冲动性和社会意识。

但性激素只是造成青春期大脑重塑和行为改变的因素之一。在大脑基因的表达中，许多其他具有性别特异性的改变并不取决于这些激素。激素引发的过程和与激素无关的过程会造成大脑回路发生持久的改变，其中一些改变能让我们将男性大脑与女性大脑区分开。

正如大脑发展的其他时期一样，青春期为基因变异提供机会。例如，一些影响认知能力的基因变异可能到人十五六岁时才会发挥其全部作用。我们对此的部分了解来自对被收养孩子智商的研究。这些研究显示，被收养孩子的智商到青春期时逐渐接近于他们亲生父母的智商，影响认知能力的基因变异产生的作用变得更加明显。在对 11 000 对同卵或异卵孪生子进行的研究中，证实了这种影响认知能力的基因变异的增加效应。研究者发现，认知能力的可遗传性一般会从 7 岁时的 41% 上升到 12 岁时的 55% 和 17 岁时的 66%。

青春期的大脑重塑显然不只源自这段时期的行为改变。人们通过在大脑不同发展阶段对其结构进行的核磁共振成像（magnetic resonance imaging，MRI）也直接观察到了大脑重塑。人们研究最多的解剖结构出现的改变发生在大脑前部，尤其会在前额叶皮质（prefrontal cortex）发生，它位于前额叶（forehead）的后面。随着青春期的发展，前额叶的大脑结构以及与之相连的脑区将发生改变，比如调节情绪表达的杏仁核。

人们无法通过静态的大脑组织观察到大脑网络在青春期及成年早期发生的连接与组织的改变。人们在这类研究中还使用了功能性核磁共振成像（Functional magnetic resonance imaging，fMRI），可以用其测量大脑回路在完成心智任务时的活动。人们对这些心智活动的研究揭示了从青春期到成年期的过程中，大脑功能性连接发生的巨大改变。

人在青春期这段漫长的关键时期对环境的影响也是开放的。大脑在积极地重塑，生命在继续，同伴们对你在传递价值观和社会技能方法方面发挥着极其重要的作用。青少年容易受同伴影响的特点尤其令父母、教育者和临床医生感兴趣，他们想阻止青少年在这个阶段开始表现出的有问题的人格模式。

关闭大脑和环境中的某些窗口

大脑的发展什么时候就算完成了？核磁共振成像研究显示，人的大脑结构大约在 25 岁时达到稳定。尽管大脑在接下来的至少 10 年中还会继续发生少量的髓鞘化（myelination），但对人在 40 岁之后的大脑扫描结果显示，大脑发生的改变通常都是大脑衰老或患病的现象，而不是大脑的进一步发展性重塑。此外，一些研究使用功能性核磁共振成像测量脑区的整合活动，其结果也显示，人在成年早期，成熟的大脑网络便已建立完成。

而这并不意味着成年人的大脑是固定不变的。大脑最重要的功能之一是通过微观改变突触结构与功能，从而不断学习和储存新信息。成年早期的大脑是其发展的里程碑，此时我们的大脑已建成了大部分个人工具，其将在我们接下来的生活中继续指引我们。

人格的发展遵循类似的趋势，但有所滞后。研究者对大脑解剖结构的研究发现，大脑发生的改变在我们 30 来岁时逐渐减缓，同时大五人格发生的改变也在减缓。反复的测试显示，人到 20 岁时，其大五人格的分数会相当稳定；到 30 岁时，分数会更加稳定；而到 50 岁时，分数尤其稳定。

正如罗伯茨（Roberts）和卡斯皮（Caspi）所指出的，大脑这种渐进的稳定化不仅是因为大脑发展窗口的关闭，还因为年轻人的社会环境越来越稳定不变。这种环境是由他们所选择的朋友、同伴和同事（选择是双向的）所构成的。

成年早期选择基本恒定不变的社会环境所造成的结果是，我们的大部分时光会与有限的熟人一起度过。这些人为我们提供了一种稳定性，因为他们的行为方式通常是我们可以预期的。他们还会引发稳定性，因为他们促使我们的行为方式符合其预期。在创造和保持人格两个至关重要的方面，社会环境这种相互的稳定化发挥着重要作用。在接下来的章节中，我将探讨它们——品质和身份。

实用总结

第 3 章告诉我们，基因与生活事件的共同作用塑造了我们。本章则描述了这些因素如何共同发挥作用，逐渐塑造了成年人的大脑与人格。

大脑与人格的塑造从人的胎儿期一直持续到成年早期，有些方面在人进入青春期之前便趋于稳定，但有些方面则在青春期和成年早期得到了重塑。到 25 岁时，其发展序列已大部分完成。

大脑在完成了这个复杂的过程并形成了特有的倾向和模式之后，我们在成年期的大脑便会基本保持不变。我们会越来越习惯于熟悉自我的想法、感受和行为，这会进一步加强已经成型的大脑回路。我们习惯的持久的人际关系同样会促进这种一致性，因为和我们关系亲密的人也逐渐习惯我们采取的方式，并期望我们继续保持。

然而，我们的一生中常常会发生改变，有时甚至发生巨大的改变。最常见的改变是发生颠覆性的个人事件，比如结婚、离婚、为人父母、换工作或宗教皈依，以及任何会导致新机会、新预期和新适应的事件。如果新的适应被证明是令人愉快的、有益的，它们便会被纳入新形成的稳定人格中。人在日后的人生中还可能经历许多事件发展和衰退的过程，它们可能会引发人格发生改变。

理解人格发展的各个阶段，会对你前瞻和回顾认识的人的人生有所帮助。在对年幼的孩子做未来展望时，我们可以合理地估计其突出的人格倾向将被保持下来，但也会发生令人吃惊的趋向成熟的人格改变。在预期成年人的未来时，除非发生重大的扰乱性事件，这种人格改变会比较有限。

实用总结

在回顾某人特定倾向与模式的起源时，在某些情况下，你会很想将其归结于遗传；而在某些情况下，你会很想将其归结于生活事件。但这些推测几乎不可能得到验证。相反，你更合理的做法是认为人格的每个方面都是受多种遗传和环境的共同影响，很难将其理清。

P 某人的发展与改变

1. 想象 P 某人 10 岁。你认为她是怎样一个孩子？这个简单的练习是否使你对她的看法发生任何改变？

2. 你是否真的了解还是个孩子时的 P 某人？如果是，那么她保留了哪些人格特点？

3. P 某人的青春期是否有什么不同寻常的地方？

4. 过了 25 岁后，P 某人的人格是否改变了很多？如果是，那么她的哪些方面发生了改变？

5. 在成年中期和成年晚期，你觉察到她发生了怎样的人格改变？

6. 了解 P 某人的人格是其人生经历与生理不断双重决定造成的复杂结果，是否让你能更设身处地、更具有共情力地认识她的人格？

7. P 某人的人格中是否有某些方面是你希望她改变的？这种改变有利于她还是你？

8. 你是否认为有可能做出这些改变？如果有可能，是以什么方式做出的改变，以及会做出什么程度的改变？

第三部分

完整的人，完整的人生

Making Sense of People

纵然通道多么险狭，
尽管严惩绵延不尽，
我是我命运的主人，
我是我灵魂的统帅。

——威廉·欧内斯特·亨利（Willam Ernest Henley），《成事在人》（*Invictus*）

第 5 章　什么是好品质

当本杰明·富兰克林步入老年时，他揭示了自己之所以拥有充实人生的秘密。他说，那是他在 20 多岁时发明的一种改进人格的方法。

当富兰克林开始对人格进行塑造时，其人格已经有了坚实的基础。根据他的自传，他从童年起就是“孩子中的领袖”。但是这种果断自信也让他付出了很大代价，他的爸爸让他从波士顿拉丁学院（Boston Latin School）退学。他在那所学校学习，准备成为一名牧师。尽管富兰克林在班级里名列前茅，他似乎注定会上哈佛大学，然后再上一所清教徒的精修学校，但他爸爸认为他太不虔诚，不适合做牧师，因此让 12 岁的富兰克林给他做印刷工人的哥哥詹姆斯（James）当学徒。

幸运的是，印刷车间的工作可以使富兰克林尽情地阅读，让他有机会进行踌躇满志的自学。在研读过伦敦期刊上的文章后，他学会了高超的写作技巧，不久之后便在哥哥印刷的报纸上发表了一些讽刺性短文。他凭借顽强的意志摆脱了学徒身份。17 岁那年，他带着仅有的几枚硬币跑到了费城。

在接下来的几年里，富兰克林进行着各种年轻人的冒险。进入成年早期后，他觉得有必要对自己的人生进一步负责。为此，他决定抑制自己的热情，摒弃一些坏习惯，培养人格中具有道德感的部分——这通常被称为“品质”。

富兰克林培养好品质的方法在于先找到好品质的基本构成要素。富兰克林很清楚自己对什么品格特质感兴趣，他将其称之为“道德美德”。但当他开始列出其清单时，他遇到了术语问题——这个依然困扰着当代人们对现代人格的讨论，因为不同的作者对相同的名称赋予了更多或更少的概念。富兰克林决定，为了清晰起见，使用更多的名称，每个名称附带较少的概念，并由此选定了 13 种美德，以下是对其做出的简要解释。

- **节制**——食不可过饱，饮不得过量。
- **沉默**——言必对人对己有利，切莫热衷闲言碎语。
- **秩序**——所有的东西都各归其位，为每一件事安排好时间。
- **决心**——应该做的事下决心去做，下决心去做的事不要害怕失败。
- **节俭**——花钱需对人对己有益，即不浪费。
- **勤勉**——不浪费时间，做有用的事情，力戒无益的行为。
- **真诚**——不以骗术待人，思想要存有良知，说话要有依据。
- **公正**——不做损害别人的事，要做对别人有益的事。
- **中庸**——避免任何极端倾向，宽容别人带来的伤害，将此视为应承受之事。

- **清洁**——保持身体、着装和住所的洁净。
- **平静**——不要为区区琐事、寻常事故或不可避免的事故而惊慌失措。
- **节欲**——少行房事，除非出于健康和延嗣考虑；切忌过度伤身，或损害自己和他人的安宁与名誉。
- **谦逊**——效法耶酥和苏格拉底。

列出这张清单后，富兰克林立即开始有条不紊地照做了。他知道，自己无法一下就拥有所有美德，因此打算一次培养一种美德。他相信，之前拥有的一些美德能够促进对其他美德的培养，因此给培养这些美德安排了特定的顺序：“首先培养节制，因为它倾向于培养冷静而清醒的头脑，这是让人不断保持警惕、抵抗旧习惯的吸引和持久的诱惑力所必需的。”当开始培养节制的美德时，富兰克林尤其想戒除在酒吧里狂饮的恶习，之前这种恶习曾让他误入歧途。在执行计划的第一周，他将注意力集中在培养节制上。之后，他继续培养清单上的其他美德，并在一个季度内完成了 13 种美德的培养，再从头开始培养。他日复一日地在一个小本上做记录，通过检查，用小黑点标记出在相关美德上所犯的每一个错误。

他发现每天做记录不仅能收集信息，而且对自己也很有收获。一方面，他吃惊于“错误比我想象的多得多”；另一方面，“消除错误的满足感”让他很开心。尽管在培养美德方面取得了一定进步，但富兰克林会时不时回顾这个美德培养计划，并始终把清单带在身边，甚至将这个习惯一直保持到老年。在评估这一生的实践时，他总结道："尽管我从来没有达到自己渴望达到的完美，而且高目标还差得很远，但通过这些努力，我成了更好、更快乐的人。如果我不曾尝试，就永远成不了那样的人。"

富兰克林有理由对这样的结果感到满意。在制订自我改进计划的 10 年里，他创建了印刷和出版企业，过上了富裕的生活。在生活得到保障后，他便可以追求自己在科学和治理国家方面的兴趣了，这给他带来了辉煌的成就和国际声誉。不止这些炫目的成功，富兰克林对"自己拥有平稳的性情和沟通时的愉悦感"心怀感激，他将它们归因于自己进行过非常投入的练习，这些是其拥有的"全部美德的共同影响，尽管他只能达到不完美的美德状态"。他非常相信这个计划的价值，因此考虑出版一本名叫《美德的艺术》（*The Art of Virtue*）的书，以补充自己在自传中所做的解释。

区分品质与人格

本杰明·富兰克林对人格的看法与我之前探讨的有大量的共同点。他意识到，我们可以根据一套人格特质来思考人具有的个体差异。他还认识到，人格受到基因（他称之为"天生的倾向"）、环境（"习俗"）和同伴（"伙伴"）的影响。作为一个喜欢列清单的人，富兰克林很乐意从大五人格的角度来组织自己对基本人格倾向的看法。

如果富兰克林在制订自我改进计划时评估了自己的大五人格

特质，那么他会发现很多自己乐意看到的结果。最明显的特质是，他属于高度外倾的人，尤其是在合群性、热情和幽默方面。同样显而易见的特质是，他很自信，没有消极情绪，这标志着其具有低神经质；他充满了好奇心和创造力，这标志着其具有高开放性。

但是富兰克林对这些特质并不特别感兴趣，他认为这是上帝给予的性情，将其视为理所当然。相反，他相信最重要的人格部分是道德方面，这需要通过个人努力来获得。对富兰克林来说，这意味着可以通过培养那些看起来最需要改进的美德来塑造自己的品质。他还相信，好品质是通往高效和幸福的入场券。

并非只有富兰克林这样认为，历代的哲学家和宗教领袖都鼓励人们培养好的品质。富兰克林的观点与这些先贤的观点的不同之处在于，他精心设计出自我改进的方法。不只是赞美各种美德，富兰克林还列出了个人任务清单和美德逐步升级计划。从有所认识到倒退是很自然的事情，于是他反复练习。他认识到，有些美德的培养，比如谦逊和秩序，对他来说尤其困难，他决定降低标准，放自己一马。因此，他将这个计划制订得既明确又现实，而且当他回顾起来时，其似乎也是有效的。

多年来，富兰克林有关品质的观点吸引了很多推崇者。但他也听到了很多批评的声音，这些人不赞同他强调的美德清单。尽管存在这些不赞同，但 19 世纪和 20 世纪初的大多数美国人还是认同这些品质是人格中最重要的部分，而且它们都是可以通过有意识的努力获得改善的。

然而，人们在20世纪30年代对人格进行科学研究时，决定将品质的概念与人格的概念区分开。这种区分的主要倡导者是戈登·奥尔波特，我在第1章中描述了他对人格特质分类进行的研究。奥尔波特在美国一个虔诚的中西部卫理公会教派家庭里长大，他承认，并非每个人都赞同他的价值观，而且他的价值观在科学工作中也没有一席之地。正如他所说：

> 每当我们说到品质，都可能暗示着这是一种道德标准，并用其对价值观做出评判。这种混合的评判标准令心理学家们担心，他们希望人格的真实结构和功能能够摆脱道德上可接受性的评判。当然，现在人们可以对整个人格或对人格中的任何部分做出有关价值观的评判："他是一个高尚的人。""她具有很多可爱的品质。"在这两个例子中，我们可以说从外部社会标准或道德标准来看，被提及的人都具有良好的特质。未经处理的心理学事实是，某人的品质是什么就是什么样子。有些观察者（和有些文化）会认为它们是高尚的、可爱的，但有些观察者则不这么认为。因此，我们为了与自己的定义保持一致，更喜欢把"品质"定义为被评估的人格，而把"人格"定义为被低估的品质。

因此，当奥尔波特在字典上搜寻用于人格特质研究的原始资料时，他摒弃了诸如"善良的"和"高尚的"这种做出道德判断的词汇。其他发展大五人格的研究者也都追随着他的脚步。尽管他们用某些听起来带有道德意味的词——如"利他"和"谦虚"来命名人格的某些方面，但他们也坚持用纯粹描述性的方式来使用它们，并没有对其在人格量表中获得的高分或低分发表看法。

在 DSM 中，定义“Top10”模式的临床医生也试图避免进行道德方面的评判。他们所受的训练使其对病人的行为不带偏见，这些专业的行为准则能给予其指引。这些行为准则使用的是功能概念（如“适应的”和“适应不良”的），而不是道德概念（如“好的”或“坏的”）。他们承认，从功能的角度看，不同特质和模式的表达程度存在优势和劣势，而且在某种情况下，任何表达都有可能是适应良好的。

尽管这种功能观在道德表达上是中性的，但必须承认，某些模式应该被剔除，因为其会给表达这些模式的人和对方带来痛苦。事实上，人们对这些问题模式的消极反应是其被认为是适应不良的主要原因。由于对这类消极反应的表达方式常常是道德评判，因此在人们之间普通的沟通中，“Top10”模式被称为“品质缺陷”也就不足为奇了。为了强调这一点，我在表 5—1 中列出了一些例子。

表 5—1　　　　被称为品质缺陷的“Top10”模式

模式	品质缺陷
反社会	狡诈的
回避型	懦弱的
边缘型	反复无常的
强迫型	死板的
依赖型	不劳而获
表演型	爱虚荣
自恋型	自私的

（续表）

模式	品质缺陷
偏执型	爱猜忌
精神分裂	冷淡的
分裂型	怪人

人们把适应不良的模式看成是具有品质缺陷，这不只是一种特异性的评判。诚实、勇敢、情绪稳定、灵活、有效率、谦逊、慷慨、相信他人、友善、好社交，这些只是有点儿古怪的人普遍喜欢做出的表达，这类人不存在以上清单中列出的 10 种缺陷。简而言之，我们所认为的好品质的标志可能也是适应良好的，因为大多数人都认为好品质是合人心意的，更愿意与表现出这类行为的人交往，并远离不具有这类行为的人。

我们无时无刻不在进行这样的评判。在对他人的直觉性评价中，我们非常强调品质。尽管我们的头脑会自然地注意到某人具有的所有主要的人格特质，但真正吸引我们注意力并主导我们想法的那些特质都具有与情绪反应相关的道德意味。

为什么会这样？为什么具有道德性质的特质会对我们有如此强有力的影响？这些只是奥尔波特所强调的文化影响的反映吗？或者是否有更基本的、更深层的事物在吸引着我们？或许道德本能地将特定情绪包含在我们对他人的评价中。

道德本能与道德情感

道德本能（moral instincts）的概念并不新颖，它的主要支持者之一不是别人，正是查尔斯·达尔文。认识到自然选择使动物本能的社会行为得到进化后，达尔文得出结论，这个结论也同样适用于人类，进化过程有助于道德情感和行为的发展。正如他在《人类的由来》(*The Descent of Man*) 一书中所写的："无论什么动物，只要被赋予了明显的社会本能（包括父母和子女的爱），一旦其智力像人类一样发达或接近人类，其便不可避免地会产生道德感或良知。"

为了理解达尔文的观点的重要性，我们将它转化为基因的语言会很有帮助。达尔文认为，社会本能、道德本能以及控制大脑回路进化的方式与其他天生的思考、感知的心理过程的进化方式相同，都是通过相关基因变异造成的自然选择。人类基因组中保留了很多促进社会本能与道德本能的基因变异，其原因就在于这些变异有利于适应。

人们关爱自己的孩子、对近亲慷慨大方的本能，其选择优势让人一目了然：这是为了共同基因的延续，是推动进化的重要力量。但为什么良知和社会本能也驱使我们对陌生人慷慨大方呢？个体间的竞争决定了适应性，那么有利于自私的基因难道不应该是自然选择的吗？到底是什么力量限制了自私，促进了所谓的道德行为的基因与生理机制的选择？

罗伯特·特里弗斯（Robert Trivers）提出了一个非常具有说服力的答案，那就是道德本能——促使我们做出有利于其他个体或有利于整体社会秩序的本能，道德本能之所以得到进化也是因为它们有利于表达出这种本能的人。简单来说，这些本能的原始形式，比如小心谨慎地对陌生人也表示慷慨，能使对这种好意做出回报的人被选择。相互利他对双方的益处（为别人做好事，这样他们也会为你做好事）被认为是这种自然选择背后的驱动力量，即自然选择了有助于道德的基因变异。

科学家认为，就像其他本能（如说话的本能）一样，互惠本能的进化源自大脑回路的改变，由于其他原因，这些回路已经存在。至于道德本能，弗兰斯·德·瓦尔（Frans de Waal）提出这些大脑回路可能起源于情绪感染回路。关于这种原始的共情形式，德·瓦尔举的一个例子是，感知到危险的鸟会立即将恐惧传播给整群鸟，它们会马上飞起来。而他举的另一个例子是在新生儿保育室里，一个婴儿的哭泣会感染到房间里的其他婴儿。根据德·瓦尔的观点，这类情绪感染可能是另一种类型的共情基础，他称之为共情关心。当一群小猴子中的一只陷入痛苦时，它们会互相拥抱在一起。从这些简单的基础开始，新的情绪大脑回路似乎得到了进化，并立即将积极情绪给予利他行为的贡献者和接受者。

这些有益的道德情感中最明显的是感恩。面对善行，这种情感在我们内心膨胀，促使我们报答对方。这种温暖的情感超越了任何有关给予报答的有意识的想法。我们对善行作出回应时并不会像设定好“你来我往”程序的机器人一样，而是进化出了一种倾向，给予报答会让我们感觉很好。

同情也是如此，它为我们倾向于帮助有困难的人添加了情绪能量。我们并不只是通过理性的计算才得知某人需要帮助，以及我们坚持这样做有助于维护社会秩序。我们对其遭受的痛苦还感同身受，当我们带给他们安慰时，内心也会感受到道德之善。

更明确的无私是被称为崇高的情绪，也就是当看到或听到特别友善和充满同情的行为时，我们所感受到的温暖与充实感。如果你对道德情感根深蒂固的本质怀有任何疑惑，那么请想一想，当看到好事发生在完全陌生的人身上时，从你眼中迸发出幸福的泪花。不仅是现实生活中的情景，电影中逼真的情景也会让你感动落泪。因为其具备的这些性质，乔纳森·海特（Jonathan Haidt）将崇高称为“所有道德情感中最典型的情感”。

但是特里弗斯（Trivers）也承认，尽管这些积极的道德情感为道德行为提供了有吸引力的内在回报，但其还不足以战胜自私。为了抵御欺骗者，维护合作的利益，我们还进化出了与消极情绪（义愤、轻蔑、厌恶）相关的道德回路。当不公正或道德上令人厌恶的行为引发了这些消极情绪时，它们常常伴随着人所做出的面部和身体反应，并且立即传递出对违规者的指责，警告他们小心反击。这些消极情绪还会引发我们内心的愤慨，让我们的积极道德情感发生短路，使我们排斥那些不守规矩的人。

这些消极的道德情感很容易就被引发。例如，我们看到某人插队，无论自己是否在排队，都会激起道德上的愤慨。我们看到裁判不公正地处罚自己最喜欢的橄榄球队，会让我们想疯狂地与其打一架。我们得知公众人物参与了不道德的性关系，会引发我们对其强烈的厌恶和轻蔑。甚至我们读到描述品质缺陷（如表 5—1 中的那些词语）中的词语时，也会引发我们消极的道德情感。

这类道德谴责非常有效，因为它反过来也会激发冒犯者的消极情感，让其感觉很糟糕，而仅仅是蔑视的或轻蔑的一瞥就会立即引起其羞愧、尴尬和内疚。随着我们逐渐被社会化，避免产生这类心理痛苦的意愿会使我们不去想那些会招致别人批评的行为，这些行为包括在派对上衣着不得体、从事丑恶可耻的不正当行为等。

我们很容易感受到这些积极的和消极的道德情感，从而更突显了其产生的力量。但就像其他行为机制一样，人们在这方面的个体差异很大。有些人很容易感受到感恩、同情和崇高等情感，但另一些人更容易感受到厌恶、愤怒和轻蔑等情感；有些人（反社会者）总是在欺骗别人，而另一些人（偏执狂）专门发现骗子；有些人（回避型的人）特别容易感到尴尬，而另一些人（精神分裂者）对指责的眼光不太敏感。然而，尽管人们对情感体验存在相当大的个体差异，但大多数人更容易体验、识别出积极的和消极的道德情感，并对其作出反应。所有这些都符合达尔文的观点，即人类已经进化出了先天的心理工具，并为道德行为提供了生物学基础。

不同的文化，共同的价值观

不过，本能和情感只是为我们的道德提供了原始材料，而文化则为我们提供了至关重要的细节。正如达尔文所指出的：

> 获得了语言的力量并且表达出社群的愿望之后，每个成员为了公共利益应该如何做所达成的共识很自然就成为其首要的行为指南。就像其他本能一样，习惯会大大加强社会本能，因此社会本能要服从社群的意愿和判断。

社群的意愿和判断会随文化的不同而发生很大改变，这就是为什么奥尔波特觉得不得不消除人格科学研究中的“品质”概念的原因。然而，克里斯多夫・彼得森（Christipher Peterson）和马丁・塞利格曼（Martin Seligman）所领导的一批心理学家却对此提出了挑战。在研究了东西方主要的宗教与哲学传统后，他们发现，有大量品质普遍受到赞誉。在所有文化中被高度评价的优秀品质可以被归纳为六大类，他们称其为 6 种核心美德。

- **节制**——如自我控制、节俭和避免无节制。
- **勇气**——如在面对内部或外部的反对时，有助于实现目标的勇气和毅力。
- **仁慈**——如涉及照顾他人、帮助他人的善良和有爱心。
- **公正**——如有利于社群生活的公平和公民义务。
- **智慧**——如思想开放和热爱学习，有利于获取和运用知识。
- **超然**——如敬畏与灵性，与更广阔的世界形成联系，提供意义。

其他研究者也认可了品质的普遍优势，精神病学家罗伯特·克洛宁格（Robert Cloninger）发展出了自己对品质的分类方法。在他看来，品质有三个主要构成，他将其称为自我指导、合作和自我超越。自我指导指的是通过保持有意义的、责任感和随机应变，实现自我控制，它与节制、勇气重叠；合作指的是通过感同身受、同情和有原则，形成对彼此有利的关系，它与仁慈、公正重叠；自我超越指的是通过保持精神崇高、明智和理想主义，意识到世界是一个整体，我们参与其中，它与智慧、超越重叠。

然而，认识对核心美德的普遍推崇，也并不排除不同文化所强调的重点。事实上，各种文化对不同美德的重视程度存在明显的差异。在思考某人具备的品质时，重点既要关注某人表达普适价值观的方式，又要关注其表达基于文化的价值观的方式。

基于文化的价值观的力量

为了研究基于文化的价值观的差异，人类学家理查德·史威德（Richard Shweder）将每种文化的道德秩序分为三类，它们类似于克洛宁格用来描述个体类别所用的分类。史威德将他的类别称为自治的道德（类似于自我指导）、社群的道德（类似于合作）和神性的道德（类似于自我超越）。

第一类——自治的道德将每个人都看成是自由的代理人。其主要目的是使个人权利最大化，以实现个人卓越。但是自治的道德也将自我实现的个人权利与所有人拥有的平等自主权所作的承诺进行了平衡。在当代许多非宗教文化中，这是占主导地位的道德观。

第二类——社群的道德则正好相反，个体通过牺牲一些自主权，从而在有组织的群体中获得一席之地。其将家庭和社群看成是最重要的实体，每个成员都必须保护家庭和社群的诚信和声誉。其主要是从社会角色和职责的角度而不是从个人权利的角度来看待每一个人。其主要道德主题——责任、等级和相互依赖，在传统文化中占据着核心位置。

第三类——神性的道德渗透在传统文化中，宗教在其中发挥着重要作用。它把每个人视为超越个体并为道德行为提供精神基础的广泛的普适设计。在有些版本中，每个人被看成是对神圣传统负责的承载者和代表，而不是世俗的互利主义的实践者。

人们将道德体系分解成这三类不只是完成一个抽象的任务，它还有助于我们认识到文化如何塑造个人的道德判断。例如，思考一下你对爸爸的称呼，这种称呼似乎微不足道。现代大多数美国人主要受自治道德支配，因此其直呼爸爸名字的行为可以被接受。但在史威德所研究的传统印度社会中，这种行为会被认为是极其不恭敬，其违反了家庭层序（社群）和神圣的自然秩序（神性）。

我们使用同样的方法也有助于理解美国人对堕胎行为是否道德产生的两种激烈的观点，两种观点的支持者都确信自己的观点是正确的。在这个例子中，支持可以选择堕胎的群体属于强调自治道德的亚文化，其优先考虑女性保护自己免受有害结果的权利，并且不太重视未出生的胎儿的生命权。与其相比，支持胎儿生命权的群体属于强调神性道德的亚文化，其优先考虑所有人类灵魂的神圣不可侵犯性。

如果从其所属文化的价值观来看，我们很容易看出被赋予了道德本能和道德情感的两群人是如何强烈地反对不同的立场。在评判个体的品质时，应该将具有文化特异性的价值观与其受到普遍赞誉的价值观上的等级区分开。其受文化所支配的宗教、政治和哲学世界观，与其在节制、勇气、公正、仁慈、智慧和超然上的评分等级之间几乎不存在关系。

本杰明·富兰克林的品质

为了理解将具有文化特异性的价值观与评判某人品质的普适价值观区分开的重要性，让我们再来回顾一下本杰明·富兰克林。他非常适合作为探讨对象的原因之一在于，人们对其人格方面存在着强烈的争议。尽管每个人都承认，富兰克林作为开国者作出了巨大贡献，但也有许多批评者质疑其道德的深度。

很多争议的重心在于富兰克林将哪些美德纳入了 13 种美德中，以及他遗漏了哪些美德。如果你仔细查看这个清单，你会看到几乎所有的美德都出自自律和自我组织的策略，即自治的道德。对富兰克林的推崇者来说，这些实用的成功策略是值得效仿的。最近对其策略进行阐述的实例来自史蒂芬·柯维（Stephen Covey）所著的《高效能人士的七个习惯》（*Seven Habits of Highly Effective*

People）一书，这本书描述了为实现富兰克林所鼓励的成功而需分步进行的计划。但批评者对富兰克林重点关注道德的实用性方面感到失望，谴责其忽视了道德更崇高、更鼓舞人心的方面。他甚至被指责代表了“新世界居民最不值得被称赞的品性——吝啬，过分热衷实用性，对灵性方面的事物缺乏兴趣。他的灵魂卑贱而低劣”。

沃尔特·艾萨克森（Walter Issacson）总结了几百年来有关富兰克林观点的这类极端评价，他认为这些有分歧的观点在很大程度上是基于文化的，反映了美国人在富兰克林有生之年便已经形成对好品质的不同看法。正如艾萨克森所说：“富兰克林代表的立场是相对于浪漫主义的实用主义，以及相对于道德圣战的实际仁爱；其代表了宗教宽容，而非福音教派的信仰；其代表了社会流动行，而非更加空灵的崇高愿望；其代表了中产阶级的美德，而非优雅贵族的抱负。”

富兰克林可能会赞同这种文化分裂的观点。但他接下来会试图说服你，表明自己选择的是正确的立场。首先他会指出，强调自我发展并非纯粹的自私，而是为了帮助其他人。他会争辩自己的灵魂并非卑贱而低劣，而是致力于很多崇高的理想，比如人权，并且为此付出了很多努力来实现它们。至于灵性，他会告诉你，他自己也很重视它，但他已经把童年时崇拜的清教徒般的上帝替换成仁慈的上帝：“他很高兴看到自己所创造的人获得幸福，他很高兴看到我具有道德感。”为了表达对这位仁慈的上帝的信仰，富兰克林在他 13 种美德的表格中添加了包含以下内容的每日祈祷文：

哦，强有力的上帝！慷慨的天父！仁慈的向导！

增加我的智慧，让我发现自己最真实的兴趣。

增强我的决心，让我执行智慧的命令。

接受我对您其他子民的衷心服务，以作为我对您不断福佑我的唯一报答。

那么，富兰克林认为自己道德高尚是正确的吗？他是否可以认为自己所著的《美德的艺术》一书可以作为我们所有人的指南？评价其品质的一种方法是，思考他在普遍受到赞誉的 6 种美德中的等级，将重点集中于这 6 种美德有助于尽量缩小基于文化的价值观对我们造成的影响。

从节制开始（被定义为防止过度的优点），富兰克林会很乐意承认自己需要防止多方面的过度行为。事实上，他的整个自我改进项目显然就是为了约束自己。因此，他的美德清单突出了自我控制的努力并非偶然，并且这些努力可能产生了效果。从我们了解到的富兰克林的人生经历，他在节制上可以获得相当高的分数。

在勇气方面，富兰克林也会得到很高的分数。一个著名的例子发生在美国独立战争之前和期间，他面对来自不列颠王室恶毒的人身攻击所采取的应对方式。他经常会用令自己受伤的方式来捍卫自己所信仰的事业和原则。这并没有使他免于受到来自坚定的约翰·亚当斯（John Adams）的批评，亚当斯认为，富兰克林在一些棘手的谈判中极易作出妥协。但对于富兰克林来说，这反映了一种精明，而不是懦弱。

论及公正性方面的得分，富兰克林得到的分数居高不下。事实上，他全心全意地致力于公平和良好的公民权。在 21 岁时，他就清楚地认识到了互相帮助的价值，当时他组织了一个叫 Junto 的团体，这是由 12 名积极进步的年轻人组成的俱乐部，他们每周五会面，互相教导和鼓励。富兰克林的兴趣也扩展到了更大的社群，他通过成立许多重要的机构充实了社群。这些重要的机构包括一家收费图书馆、一支消防队、宾夕法尼亚大学以及美利坚合众国。

接下来是仁慈，富兰克林因其温和的个人关系，而在这方面只能得到中等分数。正如艾萨克森所指出的："他与男性之间的友谊体现得更多的是友善，而不是亲密。他对妻子充满了和蔼的爱，但这不足以阻止其在最后 17 年的婚姻中有 15 年都与妻子隔岸而居。他与妻子的关系是实用性的。"约瑟夫 • 艾利斯（Joseph Ellis）认为，富兰克林是肤浅人际关系的大师，"他是具有多种面具的人……他出现最持久的情感表达是在晚年，那是他对孙辈的爱"。但富兰克林不是冷若冰霜的人，只不过与他人的亲近不是他最看重的事情。

在智慧方面，富兰克林的得分会非常高：他富有创造力、好奇心，思想开明，渴望学习新事物并为别人提供建议。他具备的这些特殊的优势体现在其很多实用发明、对电的著名研究以及作为外交家和政治家的辉煌成就。最重要的是，富兰克林渴望运用自己广博的知识来帮助他人过上更有意义的生活。

与人们普遍认可的在智慧方面获得的高分不同，富兰克林在超然方面的高分并不显著。很多人知道他具有实事求是的务实精神，而忽视了他对伟大事业作出的奉献，比如宗教宽容、发展物理学、探索人类在宇宙中的位置。人们还可能忽视，他在自我改进上做出的努力不仅是为了自己进步，也是为了表达其崇高的理念，即如果下决心过有益的人生，那么每个人都可以做到这些。事实上，富兰克林确实找到了伟大理想中存在的意义，而且他必定也感受到了对大自然的敬畏。不过他选择以实际行动，而不是用华丽的辞藻来表达他的超然。

汇总起来，我认为富兰克林有很好的理由对自己塑造的品质和达到的成就感到满意。他的故事不仅是靠自己的力量获得成功的故事，还是学习如何认真对待自己的品质、扬长避短的故事。尽管他对自我塑造的结果感到骄傲，但他也清楚自己塑造品质的过程中存在的局限性，并宽容而有兴味地观察着他人在塑造品质的过程中同样存在的局限性。

为什么品质很重要

当奥尔波特决定“让人格的结构与功能摆脱可接受性的道德评判”时，他开辟了客观评价个体基本特质差异的道路。然而，我们永远无法做到完全客观地评估他人。在初次见面时，我们不仅会注意到他人的大五人格倾向，还会对其品质形成直觉性的印象。

随着对他人了解得更多，我们会不断充实有关其客观特征和道德品质的细节。他人道德品质的细节表现得比较突出，因为其直接触及到我们的情感，使我们被具有吸引人的美德的个体所吸引，远离那些不具有这些美德的人。尽管我们对人格的描述在很大程度上依赖于大五人格和“Top10”模式所包含的信息，但最令我们感动的是运用普适标准和具有文化特异性的标准做出的道德和情感评价。

奥尔波特承认这类道德评价所具有的重要性。他只是担心这类评价会混淆依靠科学所作出的理性判断，但这并没有消除我们持续的需求并决定如何应对。此外，道德品质也在一个人身份中发挥着重要作用，我将在第 6 章中探讨有关身份的内容。

实用总结

在本章中，我描述了对 6 种被普遍赞誉的美德进行评价的重要性，这是我们评价系统的第三步。为了便于记忆这些美德，我将其分为三类，分别涉及你与自己、与他人、与更广阔的世界的关系：

- **自我指导**——通过保持有目的、负责和随机应变，实现自我控制。

  节制：自控、节俭。

  勇气：勇敢、毅力。

- **合作**——通过感同身受、同情和有原则，形成对彼此有利的关系。

  仁慈：善良，有爱心。

  公正：公平、公民义务。

- **自我超越**——通过保持崇高、明智和理想主义，意识到世界是一个整体，我们参与其中。

  智慧：思想开明，热爱学习。

  超然：敬畏、灵性。

实用总结

在思考这些美德时，你会注意到每种美德与大五人格、“Top10”模式中所探讨的特征有所重叠。例如，仁慈美德中的一个方面——善良既体现在宜人性模式的积极形式中，也体现在偏执、自恋和反社会模式的消极形式中。所以为什么要如此麻烦地再次讨论善良？

我们做出的回答是把善良作为一种美德来进行讨论会引入一个重要的新视角。我们用或高或低的客观评分来评价倾向，用具有适应性或适应不良的功能尺度来评价模式，用好或坏的道德尺度来评价美德。你的道德感已经在控制中，现在是时候让它发表意见了——把善良称为好的，把刻薄称为坏的。

此外，道德评价的特殊之处在于其具有内在的情感组成部分。它与消极情感（如道德义愤、轻蔑和厌恶）有关，也与积极情感（如同情、感恩和崇高）有关，你给某人的评分可能引发其对你的轻蔑或崇敬。因此，这不仅仅是一种不带感情的心理分析，它还带有很强的个人性，并会让人留下深刻的印象。

进行道德评价

我通过四个步骤来进行道德评价。

1. 首先，我认识到自己正从采用相对客观、描述性的方式转换到采用比较主观、评判性的方式。我认为自己采用的评判方式是正当的，因为我进行评判的依据是普适的道德标准，而且我认为所有人都会接受这些标准。

2. 我提醒自己，虽然自己试图坚持采用普适的标准，但无法完全避免文化造成的影响。我还会留意自己所评判的人所处的文化。

3. 意识到这些基本原则后，我继续逐步思考这个人具备的 6 种美德。我从节制和勇气开始思考，其重点是自我管理；然后思考

实用总结

这个人与其他人的关系，这包括了仁慈和公正；最后通过评价这个人有关智慧和超然的美德来完成对他的总体看法。

4. 在进行这些道德评判时，我坚持评价具体的美德，而不是概况地把这个人评为好或坏。就像大五人格和“Top10”模式一样，这个人在某些美德上可能得分很高，而在其他美德上得分很低。这正是我想知道的个性化的分数。

你的道德标准

由于你自己的道德标准指引着你如何对他人进行评价，因此现在是时候花几分钟考虑一下这些标准都是什么。为了弄清这些，请回答以下问题。

1. 自我指导、合作和自我超越中包含的美德对你来说是否同等重要？如果不是，请按照高、中、低来排列它们，然后用好、中、差来评价你的 6 种美德。

2. 你对每种美德的标准是严格、中等还是宽松的？

3. 你是否对符合或超过标准的人怀有强烈的积极情感，而对显然达不到标准的人怀有强烈的消极情感？如果是这样，那么哪种美德引发的感情最强烈？

4. 你认为你对这些问题的回答在多大程度上是由文化决定的？其在多大程度上是你人格所固有的方面？你对这些问题的回答是加强还是减弱了你的道德判断以及伴随而生的情感？

P 某人与 6 种美德

既然你已经建立了你的道德立场，那么让我们来探讨一下 P 某人。

1. 请按照自我指导、合作和自我超越的顺序，用好、中、差对 P 某人的 6 种美德评级。

实用总结

2. 在对P某人进行评级期间，你是否感受到了强烈的积极或消极情感？

3. 你是否对评价中基于文化的方面给予了足够重视？例如，假设你和P某人在反堕胎的争论中支持不同的立场，那么你将如何处理这种差异？

4. 完成了评价中的这些步骤之后，你是否看出了为大五人格和"Top10"模式添加道德视角的价值？你是否明白为什么所有文化都在强调人格的道德（品质）方面？

第 6 章　身份认同感：创造自己的故事

到现在为止，我已经探讨了有关人格的各个方面，人格可以被分解为倾向、模式和美德。但是为了理解某个人，我们需要了解更多。尽管我们能用这些人格的组成部分拼凑成具有揭示性的人格简要描述，但如果不知道有关这个人生活原则的指导信息，我们便无法完成整个描述。为了获得这些信息，我们需要将注意力转向这个人的个人经历。

创造故事是人类大脑的基本功能之一。我们通过推断因果关系来组织经历发生的顺序，这有助于我们预测未来发生的事件。在评估他人时，我们使用这个过程来创造出他们如何成为那样的自己的故事，这些故事里包括我们对其动机、将何去何从以及对其有什么预期的推测。通过这种方法，我们把在头脑中拍摄的快照转化为关于他们内心生活的电影，其中也包括对关键情节的闪回以及对接下来会发生什么的推测。我们用相同的叙述过程来创作有关我们自己的故事。

我们开始创造故事是在童年时期，这个时期发生的关键事件对我们的人格发展具有持久的影响。但我们不是对故事的客观细节记录感兴趣，而是关于“我们是谁”的富有想象力的解释感兴趣，我们从青春期早期便开始认真对待这些解释。随着这个过程在成年期早期逐渐展现，我们的身份认同感便由此产生，我们用其引导着人生的道路。

在本章中，我们将探讨身份认同感，心理学家丹·麦克亚当斯（Dan McAdams）把人格的这个子集定义为“由你创造出来用以定义你是谁的个人神话”。尽管倾向、模式和美德有助于创造个人神话，但它们没有告诉我们个人神话指的是什么。为了领会其意义，我们需要知道是什么使得人们感到人生是一致的、有目的、有意义的，这是以定义自我的故事形式被表达出来的观点。

我们在第 4 章中谈到，埃里克·埃里克森最早认识到这种自我定义的重要性，它是成长中非常重要的一步。在他看来，人们在青春期时应对调和目标、兴趣与社会机会、社会期望带来的挑战使我们构建出了身份的雏形。为了应对这个挑战，我们每个人形成了与世界打交道的独特方式，也形成了“我们是谁”的总体感知。我们逐渐地、本能地这样做，而没有进行很多有意识的思考。

这个过程对有些人来说似乎比较简单。到十五六岁时，他们已经知道自己想成为什么人以及想走的道路了。在传统社会中，这些很容易做到，因为人们面临的选择有限，而且这些选择被界定得很清楚。但在现代复杂的社会中，这种情况也会发生。例如，最高法院法官艾蕾娜·卡根（Elena Kagan）在其高中时就清楚地知道自己想做一名法官，甚至在其为纪念册拍照时穿上了法官袍。

有些人在了解“自己是谁”方面比较困难。他们发现，也许很难使自己的能力、目标或理想符合社会需求，以至于选择辍学或辞职。在某些情况下，这种内在的挣扎会持续到其成年期，这是埃里克森亲身经历过的情况，他称之为身份危机。他用了很多年才确定了自己的身份，并在接下来的人生中不断对其完善。

关注某人的身份认同感很重要，因为这让你能设身处地为其着想。与通过列出特质和美德的清单所获得的分析性理解不同，了解一个人对过去的看法以及对未来的希望能够增进对其感同身受的理解。思考某人对生活中值得关注的事件和状况的叙述，这些有助于你对其所遭遇的挣扎、所经历的失败和所表现出来的优点产生共鸣。能够设身处地为他人着想还会促使你思考，如果你在同样的情况下，你会成为什么样的人。这通常能帮助你理清对其性格作出的判断。为了理解我讲的意思，让我们思考一个著名的故事。

奥普拉·温弗瑞塑造自我的身份

在维基百科上，有这样一段对奥普拉·温弗瑞的相关介绍：

> 美国电视主持人、演员、制作人兼慈善家，她最著名的

是以自己的名字冠名、多次获奖的谈话节目。这个节目成为有史以来同类节目中收视率最高的节目。她被评为20世纪以来最富有的非裔美国人、美国历史上最伟大的黑人慈善家，曾经是世界上唯一一位拥有10亿美元资产的黑人。她还被一些评选活动评为世界上最具有影响力的女人。

使这些成就显得更加非同寻常的是，人们无法从奥普拉混乱的早期生活中看出其日后能取得成功。

1954年，奥普拉出生于密西西比州的一个乡村小镇，她的母亲是一个未婚少女妈妈，她最初由外祖母和大家庭中的其他成员抚养长大。在奥普拉6岁时，这种稳定的生活结束了。她起初去了密尔沃基与妈妈同住，后来又被送到那什维尔和弗农·温弗瑞（Vernon Winfrey）一起生活，当时弗农认为自己是奥普拉的生父。因为弗农对奥普拉太过严厉，奥普拉和他闹翻了，并于1963年回到密尔沃基。

这个新环境给奥普拉带来了性行为和性虐待。据奥普拉的表姐说，奥普拉9岁时被强奸。根据奥普拉自己的叙述，她在很小的时候就发生过性乱交。奥普拉的妹妹说，奥普拉13岁时甚至趁她妈妈外出工作时在家里卖淫。奥普拉的妈妈觉得没法管教她了，就把她送回了弗农那里。

然而，这些补救已经做得太迟。虽然奥普拉在回到弗农那里后不久，就及时进入了东那什维尔高中第一个兼收白人与黑人子弟的班上学，但她很明显已经怀孕了。1969年2月，刚刚15岁的奥普拉生了一个男婴。

到目前为止，这一切听起来都像是一个可怜的私生子在复制着自己妈妈抗争之路的故事。但在奥普拉的故事中，这个早产的男婴大约一个月后就夭折了。正如弗农告诉她的："上帝选择带走这个孩子，我认为这是上帝在给予你另一个机会。"怀孕本身就是一个改变人生道路的决定性事件。对奥普拉来说，这意味着可以把过去发生的一切抛之脑后，就好像这些从来没有发生过。

奥普拉之所以能够轻松地继续前进，是因为她已经拒绝了勉强做一个未婚少女妈妈的可能性。15 岁的她为自己制订了伟大的计划，不允许任何事物阻挡她的道路。此外，当她还是个小女孩时，她已经是一个很有魅力的表演者了。她的天赋和性格为她所设想的未来——成为著名的艺人奠定了基础。

奥普拉的这些天赋和性格在其 3 岁时便很明显，当时她在教堂里背诵《圣经》故事，令会众赞叹不已。正如她所说，她 10 岁那年在《艾德 • 苏利文秀》（*The Ed Sullivan Show*）节目中看到戴安娜 • 罗斯（Diana Ross）热情洋溢地接受颁奖后，便明确地决定自己要登上舞台。奥普拉认为，她的身份在那个时刻开始变得清晰起来，那位光彩耀人的非洲裔美国歌手使她相信，自己也能成为大明星。尽管经历了青春期的混乱，她依然相信自己一定会出名，并一直留意着那个奖项。

孩子出生后，奥普拉青春期的混乱开始减退，她抓住了下一个机会。这也正是开始积极行动的时候，奥普拉所在的兼收白人与黑人子弟的高中为其带来了新机会，包括举办了演讲班、戏剧班，这为其赢得演讲比赛做了准备。虽然还在上高中，但她已开始在那什维尔非裔美国电台做兼职工作。17 岁的奥普拉没有堕落成为毫无前途的未婚少女妈妈，而是成为被同学们羡慕的传奇人物。

更多的成功随之而来。奥普拉在电台的出色表演很快为其带来在当地一家电视台工作的机会。20 岁的奥普拉成为了那什维尔电视节目第一位黑人女性名人。几年后，巴尔的摩的电视台聘请她做晚间新闻的主持人。之后，她经历了一些挫折，但她在 29 岁时已经能成熟老练地主持节目，并搬到了芝加哥，创立了之后很快便成为全国性节目的《奥普拉秀》(*Oprah Winfrey Show*)。

虽然奥普拉在事业上不断取得成功，但其个人生活并不如意。在 20 多岁的时候，奥普拉和那些最终离开她的男人关系紧张。她还和自己的体重问题作斗争，来到芝加哥后，她的体重猛增到了 233 磅[①]。但是奥普拉没有试图隐藏自己的问题，而是把一些问题转化成自己的优势。

其中最著名的例子是奥普拉在 1985 年做的一期关于童年性虐待的节目。在节目中，奥普拉含泪出人意料地披露了自己童年时被强奸的事实。她没有作为一个无助的受害者让别人同情，而是高兴地发现自己成为受人敬慕的复原力的象征，是女性权利无畏

① 1 磅 =0.4536 千克。——译者注

的代言人。她的肥胖问题也从令人羞耻的事变成了一个可以和许多有类似问题的观众分享的挑战。

公众对奥普拉不断和命运抗争的共情，激励她重塑自己的个人神话。她不只成为像戴安娜·罗斯（Diana Ross）那样的超级明星，还成为自我接纳与自我复原的勇士。多年以来，奥普拉甚至开始思考去承担为更崇高的事业服务的责任。正如她自己所说："我是上帝的工具，我的节目就是我履行的牧师职责。"随着她的明星地位不断提升，其表现出的灵性也具有很多形式。

作为故事的身份

奥普拉的故事很吸引人，因为她最终变得如此成功。但她的故事也解释了影响我们形成"我们是谁"的心理形象的普遍因素。每个人都是特质与天赋的群集，其部分反映了我们与生俱来的基因。每个人的情况都涉及其具有影响力的生活情形，比如性别、家庭、社会阶层、国籍、文化、种族、宗教以及周围不断发生的事件。每个人的情况中都包括偶然事件、机会，我们还会遇到对其作出反应和深深受其影响的人。在每种情况中，这些因素的相互作用被分类、整合，形成了我们应对世界的独特方式。在每种情况中，这些因素合并成一种内在的原则感和目标感。尽管它们是在无意识中形成的，但我们每个人会以故事的形式来总结我们得出的结果。

在奥普拉的例子中，她创造的是天才战胜贫困、虐待、种族偏见和青春期过失的故事；她创造的是凭借雄心壮志带来机会的故事；她创造的是勤奋工作带来事业成功的故事；她创造的是逐渐意识到自我接纳能够教育并鼓舞他人的故事。为了补充故事细节，她告诉我们她在很小的时候就知道自己会成为明星。尽管因为受过虐待和个人造成的过失，她曾踌躇不前，但她从来没有让这些事情阻止自己前进。最后，她既服务了上帝，同时也实现了自己的目标。

这真的是奥普拉的故事吗？故事中有多少情节是她编造的？她遗漏了什么细节？我们每个人也可以提出相同的问题。我们发现这些问题很难回答，因为我们曾经受到一些事件和遭遇造成的巨大影响，包括意外的事件和遭遇，但我们却没有意识到它们造成的影响。即使当我们经过深思熟虑，在工作或人际关系方面做出决定时，它们也会以我们无法理解的方式影响着我们。随着身份的形成，一些重要的记忆会被我们无意识地改变，使其符合我们所创造的内在自我意象；我们的过往经历被重新塑造，以形成前后情节更一致的故事。以下就是埃里克森对通过创造个人故事来发展身份的描述：

> 除了其他方面之外，成年意味着人们使用连续的视角看待自己的生活，其中包括回顾往事和展望未来。成年人通常基于其在经济中发挥的作用、在各代人中所在的位置以及在社会结构中所处的地位，接受关于自己是谁的定义，由此可以有选择地重建其过往，这样看起来过往似乎一步步地塑造了他，或者更好的是，他一步步地设计了过往。从这种意义上讲，我们确实在心理上选择了自己的模式、家庭历史以及

我们关于国王、英雄和神的历史。通过把这些变成我们自己所拥有的，我们将自己放到经营者、创造者的内部位置上。

在奥普拉的例子中，她的亲戚对她提出的一些选择性重构提出了质疑。例如，一位表亲对她特别贫困的童年的记忆提出质疑："她没有实事求是，从来没有。你应该看看海特姨妈带给她的衣服、娃娃、玩具、童书、缎带和有褶饰边的围嘴。"家庭成员还对她描述的童年曾遭受性虐待提出了异议。但是没人否认，作为一个往返于居住在不同城市的父母间的小女孩，她确实经历过一些苦难。他们也不能否认 14 岁就要应对怀孕、早产和婴孩的夭折，对她来说很困难。尽管她所叙述的故事在某些细节上不确定，但她的故事依然讲述的是如何战胜逆境以及如何通过天赋、努力和决心获得成功。尽管我们所了解的奥普拉的故事肯定不够完整，但仔细思考这些有助于我们更好地理解她。

本杰明·富兰克林同样使用了很多选择性重构。正如沃尔特·艾萨克森在探讨富兰克林的发明时所指出的："富兰克林最有趣的并且在不断重新发明着的就是他自己。他是美国第一位伟大的公关人员。他用心地打造自己的人格面具，在公众面前刻画它，为子孙后代不断美化它。"然而，富兰克林在《本杰明·富兰克林自传》(*Autobiography*) 中给我们讲述的故事，依然为我们了解真实的他提供了很好的信息。

埃里克森并没有规避这类发明。相反，他认为发明性的解释对创建始终如一的身份非常重要。这类发明在人的青春期尤为重要，因为我们在这个时期会被父母强加给我们的观点以及非常不同的观点和态度所吸引，并努力将其调和。为了将改变和连续性结合起来，我们寻求能够支持自己想成为的样子的朋友和环境，同时有意识和无意识地创造一个能够解释新合成的自我的故事。

随着遇到新的挑战，在我们的一生中这个故事会变得越来越详细。埃里克森强调了在我们完成身份初稿后遇到的三个挑战。他将成年早期遇到的挑战称为“亲密对孤独”，人们在发展亲密的友谊和持久的恋情时会遇到这个挑战。他把成年中期遇到的挑战称为“繁衍对停滞”，人们在为人父母、指导他人和对社区作出利他贡献时会遇到这个挑战。他把成年晚期遇到的挑战称为“完整对绝望”，当人们心怀理解和满足感回顾自己完整的人生故事时会遇到这个挑战。

对埃里克森来说，人们以年代顺序来思考遇到的这些挑战似乎是很自然的事情。但他也承认，我们在整个一生中会不断应对这些挑战。亲密不仅限于出现在人的成年早期，为他人福祉作出的繁衍贡献可能在其中年之前便开始了，对我们所形成的完整自我感到满意不需要推迟到我们进养老院的时候。因此，虽然将人生故事分解成不同发展阶段是有益的，但我们也必须认识到其内容互相重叠。我们用心地编辑故事的各个部分以及这些故事所代表的身份，不仅对规划未来是有必要的，而且对适应当下和接纳过去也是有必要的。

这个过程虽然复杂，但对自己不断变化的身份认同感以及对与我们交往的人其身份作出的推断始终指引着我们。我们通过故事审视过往和未来，然后做出这些推断。

史蒂夫·乔布斯讲述了三个故事

我们不只在内心里创造故事使自己了解“我们是谁”，还把故事讲给别人，从而生动地表现我们的身份。在我们逐渐了解某人的过程中，我们听他讲述的故事并讲述自己的故事。分享故事有助于我们互相了解，这是单凭观察人的行为无法获得的了解。

个人故事能够为我们提供有益信息的好例子是史蒂夫·乔布斯的毕业典礼演讲。2005 年，他在斯坦福大学发表了这个演讲，其中描述了三个关键的生活事件以及他从中吸取的经验教训。

乔布斯讲述的第一个故事与他的大学经历有关。这位前途光明的学生在 17 岁时进入了一所小文理学院——里德学院（Reed College）。但在 6 个月后，乔布斯说：“我看不到上大学的价值。我不知道怎么度过我的人生，不知道在这方面大学能给予我什么帮助。在这里，我将花掉父母一生攒下的钱，于是我决定辍学并相信事情会进展顺利。”

但乔布斯不是普通的辍学者。他让自己从课程要求中解脱出来，决定根据自己的需要接受教育。他又在里德学院待了几个学期，睡在朋友房间的地板上，收集废弃可乐瓶换钱、购买食物，旁听那些看起来有趣的课程。他非常喜欢其中一门关于书法的课程，以至于其后来坚持在 Macintosh 机的字体设置中可以采用多种字体。他从这门课中获得了两个经验："在好奇心和直觉引导下，你无意中去做的很多事后来都被证明具有无法估量的价值。你应该相信，这些在未来会以某种方式连接起来。你必须相信一些事——你的直觉、命运、生命、因果报应，诸如此类。"

乔布斯讲述的第二个故事是乔布斯和史蒂夫·沃兹尼亚克（Steve Wozniak）一起开创苹果公司，以及10年后乔布斯遇到的低谷——他被自己曾经招募来做CEO的约翰·斯卡利（John Sculley）解雇了。起初，乔布斯感到很屈辱，他后来在皮克斯公司（Pixar）取得了新的伟大成功。之后，他意识到，"被苹果公司解雇对我来说是最好不过的事了。成功的重压被轻松的从头开始所取代，一切都不太确定，这让我得到了解脱，进入人生中最有创造力的时期"。间隔12年后，乔布斯重返摇摇欲坠的苹果公司，执掌公司获得惊人的重生。

乔布斯讲述的第三个故事是他遇到的另一个人生低谷。乔布斯被诊断患有某种胰腺癌后，他于2004年接受了胰腺摘除手术。他再次获得启发，并且没有放慢前进的脚步，濒临死亡的体验让他再一次强调，"你的时间有限，不要浪费时间过与其他人一样的生活。最重要的是，要有勇气跟随你的内心和直觉"。

这三个故事让我们对史蒂夫·乔布斯以及其看待自己的方式有了更多的了解。从17岁开始，他就有追随自己的好奇心、按照自己的方式做事的信心和雄心，他善于随机应变并且很自律。当30岁面对危机时，他凭借这些品质重新振作起来。在面对癌症时，他再次依靠这些品质。

在演讲的结尾，乔布斯总结了在这三个故事中所反映的其身份的本质。他认为可以用以下这句话来描述："求知若渴，虚怀若愚。"这是出自《全球概览》（*The Whole Earth Catalog*）杂志的一句座右铭。这句座右铭所暗示的强烈动机与好奇心正是乔布斯所具有的全部特征。他将这种看待自我的方式介绍给斯坦福大学的毕业生。

然而，还有另一种理解史蒂夫·乔布斯的方式。尽管他自己的叙述提供了很多信息，但了解别人讲述的有关他的故事能够为其本人增添很多内容。在《史蒂夫·乔布斯的问题》（*The Trouble with Steve Jobs*）一文中，《财富》杂志的编辑彼得·埃尔金德（Peter Elkind）总结了有关乔布斯的一些故事。

在埃尔金德指出的乔布斯令人讨厌的特点中，很多都可以归结于乔布斯具有的低宜人性。这些特点在顶尖的商业领袖中并不罕见。我们可以从中了解到乔布斯"时常透出自鸣得意的优越感（傲慢）"，"时而把下属训哭（冷酷无情）"，"盛怒之下解雇员工（好斗）"，以及"出了名的神秘（多疑、欺骗）"。埃尔金德还发现了其具有低宜人性的三种模式，这三种模式是：自恋，其表现为自鸣得意和坚持制定自己的规则；偏执，其表现为隐匿程度连其在硅谷的同事都觉得过分；反社会，其表现为据说"他把自己的奔驰车停在残疾人车位上"，并且宽恕其在职工优先认股权上倒填日期的行为。

埃尔金德发现乔布斯具有的另一个令人讨厌的特点是完美主义，这是乔布斯非凡能力下的阴暗面。因为乔布斯具有的这个阴暗面，约翰·斯卡利称他为“狂热之徒，他的视野是那么纯粹，以至于他无法调节视野来适应世界的不完美”，这导致他于 1985 年被解雇。完美主义的阴暗面与他的低宜人性相互作用，导致当下属无法达到他制定的极高标准时，他就会称他们为“脑残”和“笨蛋”。

但对于乔布斯来说，我提到的这些令人讨厌的特点可能只是其“求知若渴，虚怀若愚”制造出的不太方便的副产品。如果你问他为什么对别人那么不友善，他会说这并不妨碍自己努力实现真正的卓越。如果你问他为什么不停止其控制一切的行为，他会解释说那样做会很容易让制造出的产品变得平庸，他只是不想降低自己的标准。接下来他可能会告诉你，这种标准存在的理由不仅体现在其产品的美好和精致上，而且还体现在其存在的社会价值和取得的商业成功上。

以这种方式来看，我们可以合理地得出结论：乔布斯讲述的三个故事很大一部分代表了他的个人神话。当然我们还会想探究乔布斯其他一些重要的故事，其中包括他被收养、如何寻找他的亲生父亲、年纪轻轻就钻研佛教、服用麦角酸二乙基酰胺进行实验、在 23 岁时对待第一个婚外出生孩子的方式、和妻子劳伦及孩子们的关系，以及很多由非常了解他的人创造的故事。不过，乔布斯的生活显然主要都被工作占据，他用“求知若渴，虚怀若愚”来解释自己行事方法。

指导原则能够被总结得如此简练也并不稀奇。丹·麦克亚当斯致力于研究人们的人生故事，他发现这类原则会随着我们进入成年中期变得越来越稳定，虽然这些原则依然会保留一些灵活性以适应不断变化的环境，但随着我们的故事不断发展成熟，原则中的不一致会被调和。接下来有关我们个人神话的本质可以用简短的话来表达，由此告诉自己和他人——我们是谁。

实用总结

在本章中，我解释了引入定义自我故事的重要性。这个故事在我们的人格描述中被称为身份。为了整合出这个故事，我运用自己对这个人的全部了解，将信息分为以下四类。

1. 总体特征。我从某人对这些特征赋予的重要性开始描述，这类特质包括他的外表、种族、性别、家庭结构、社会阶层、财务状况、人种、宗教、教育和职业。他认为在定义“他是谁”的时候，他的哪个特征最为重要？他是否对其中一些特征感到骄傲，对另外一些特征感到不满意？

2. 个人影响。然后，我试着了解他会向谁征求建议和批评，或者寻求鼓励？是他的配偶？还是老板？朋友？牧师？治疗师？是否有一本书、一首歌或一句话在激励着他？他是否有个人座右铭？是否有榜样？

3. 人生故事。找到他具备的最重要的总体特征和所受到的个人影响后，我收集他告知的任何有关如何成为现在的他以及他将何去何从的故事。在这个过程中，我了解到他拥有的有利条件和不利条件、成功与失败、朋友与敌人、好运与噩运。对于自己的早期

实用总结

生活，他感到满意还是懊悔？他对自己的现状满意吗？他对未来充满希望还是很悲观？尽管我主要感兴趣的是对他的了解，但也会考虑到其他来源的信息。

4. 一致性和适应性。随着形成对他的整体看法，我会判断其整合情况、一致性以及能发现其中存在多少内部冲突。我还会注意他适应重大机会和挫折的能力。

当我对此进行仔细思考时，我会从每个类别中挑选出最重要的部分，将其汇总成清单或一段话。在这样做的时候，我会很有选择性。我的目标是整合出对其随时可用的描绘，我只需看一眼这些描述就能知道他来自何处、他是谁以及要前往哪里。这些就是保持在我头脑中的他的身份。

P 某人的身份

运用我刚才描述的过程，请选出在描述 P 某人身份时计划要强调的重要部分。为了考虑全面，你需要思考以下问题。

1. 总体特征

- P 某人如何看待自己的外表和性别？
- 她如何看待自己的种族和社会阶层？
- 她是否认为自己的种族和宗教发挥着决定性的作用？
- 她对自己的教育和职业感到满意吗？
- 她具备的哪些特征看起来对她特别重要？
- 她是否对有些特征感到骄傲，而对另一些特征感到不满意？
- 她是否对某些特征特别关注？

2. 个人影响

- P 某人如何看待自己的父母和兄弟姐妹？

实用总结

- 她是否对其中一个人或多个人非常认同？
- 她是否觉得在自己人生中的某个时期得到了重要的指导？
- 某人是否很显然是她的正面榜样？为什么？
- 她是否有负面的榜样，是否有让她苦恼的人？
- 她有好朋友吗？
- 她是否有让她害怕或憎恨的敌人或竞争对手？
- 她会向谁寻求帮助或建议？
- 她是否试图模仿重要的公众人物或历史人物？
- 是否有书、歌曲或座右铭曾帮助她确定了自己的世界观？

3. 人生故事

- 如果你让 P 某人总结自己的人生，你认为她会说什么？
- 她是否曾主动提供有关人生这样的信息？
- 你和她讨论过多少有关人生这方面的内容？
- 她是否能清晰地思考生活中的人和环境如何支持或阻碍了其兴趣、能力和机会？
- 她是否提到过有利条件与不利条件、成功与失败、好运与噩运？她强调了其中哪些因素？
- 她表达的人生故事与你基于其他信息形成的她的故事相比而言怎么样？两者是否存在很大差异？

4. 一致性与稳定性

- P 某人是否提供了有关其身份是如何形成的信息？
- 她在青春期时是否有身份形成的明显现象？她的身份是否在其成年早期就完成了整合？它仍有改变的可能吗？
- 她对自己身份的满意程度如何？

实用总结

- 她是否把自己的人生看成是优雅地从过去发展到未来的一致整体？
- 她是否对过失怀有念念不忘的懊悔感？
- 她是否明白运气在其人生中发挥的作用？她是否过分强调运气或过于忽视运气？
- 她能否平静地接纳挫折并规划出新的路线？
- 她是否希望自己是另外一个人？
- 她是否认为如果需要，自己可以做出改变？

正如你可以从这一系列问题中看到的，总结 P 某人的身份比评估其倾向、模式和美德困难得多。但当你写出对其作出的描述时，这样做产生的巨大价值就会变得很明显。虽然倾向、模式和美德能为我们提供很多信息，但只有把它们与 P 某人的身份结合起来时，其在 P 某人人格中发挥的作用才会变得清晰，这些正如你在接下来的章节中将要看到的。

第 7 章　了解与评价他人的科学系统

在本书的开篇我引用了一段简短的警句，我认为它们既简单又深奥：

每个人在某些方面

（1）类似于所有人，

（2）类似于某些人，

（3）和任何人都不像。

这几句话写于 1953 年，原创者是人类学家克莱德 • 克拉克洪（Clyde Kluckhohn）和开创性的人格研究者亨利 • 莫里（Henry Murray）。当时“人类”这个词被普遍当作“个人”的同义词，这不断提醒我，在了解某人时不仅要关注其与其他人的差异，还要关注他们的共性。

尽管看似很明显，但我们在试图理解一个人时，首先要承认我们都是人类。每个人都具有人类的基因组和大脑。每个人都曾经是小孩。每个人都在复杂的文化中长大，都面临过类似的人生挑战。在思考我们彼此间的差异之前，我们应该暂停一下，想想我们具有多少共同点。

在我们有意识地承认这些相同点之后，我们便做好准备思考这个人与我们认识的很多其他人之间存在的显著差异。在这本书中，我讲述了思考这些差异所采用的几种方式。在这里，我将回顾一开始提到的例子：比尔·克林顿和巴拉克·奥巴马，让你了解将这几种方式汇总起来的价值。

我之所以选择这两个我们熟悉的人，是因为你可能看过他们在各种场合中做出的行为。即使你没有下意识地思考过他们，你可能已经形成了关于他们是怎样的人的直觉性看法。正是出于你所做出的观察而产生了这些直觉，它们是让我们做出系统化人格评估的原始材料。

系统化评估

一个进行系统化评估的好办法是从大五人格和其各个方面开始。尽管当我们结识新人时会形成对其每种倾向产生的直觉印象，但随着观察他在各种情况下做出的行为，我们会不断完善这个印象。因此，我们对别人大五人格的评分只是基于对其进行多次观察得到的大致平均分数。我们在内心计算某个人在每种倾向上得到的评价分数，还让我们有机会注意这种倾向与其他倾向的相互作用，并会造成独特而细微的行为差异。

在运用大五人格时，我会从外倾性开始评估，因为评估外倾性通常比较容易。接下来我会评估宜人性、尽责性、神经质和开放性。我发现在进行最初的考察时，坚持使用这种固定的顺序很有用，但在头脑中对其进行修正时，我会随意地跳转评估的顺序。在获得了评估他人的经验后，我发现这个简单的工具依然有助于我注意到自己可能会忽略的其他方面。

在评估了大五人格及其各个方面后，接下来的步骤将集中于其特别突出的特点。例如，高度的外倾性是比尔·克林顿最突出的人格特点。我在第 1 章谈到，他的其他显著倾向分别体现在其比较低的尽责性和宜人性分数，且这些得分比最初看起来的更低。相比较而言，巴拉克·奥巴马的尽责性得分比比尔·克林顿的高很多，但他的外倾性得分却很低。奥巴马的神经质分数也很低，以至于他的顾问有时必须刺激他，才能让他表达出消极情绪。

在确定了某人最突出的倾向后，我会寻找模式。一开始，我找出了四种看待自己有问题的方式，“我很特殊”“我一贯正确”“我很脆弱”以及“我淡漠孤立”。如果发现了符合的项目，我会将这个人的模式特点与“Top10”的模式特点进行比较。对于“我很特殊”，我会考虑反社会的、表演型或自恋型；对于“我一贯正确”，我会考虑偏执型或强迫型；对于“我很脆弱”，我会考虑回避型、边缘型或依赖型；对于“我淡漠孤立”，我会考虑精神分裂或分裂型。

尽管最初这 10 种模式之所以被发现是因为其极端形式会造成适应不良，但其轻微的形式却很常见，从每个人身上去寻找其存在很有价值。尽管没有哪种模式能够完美地描述某人，但这些模式都是用以进行比较的方面，能帮助你理清所观察到的东西。即使你没有发现这些模式，其仍然能为你提供有益的信息。

克林顿和奥巴马都是很好的例子。克林顿显然认为自己很特殊。尽管他有充分理由为自己的杰出才能感到骄傲，但他渴望被赞美的强烈愿望让人不禁想到了自恋型。领导者常有被热情的粉丝包围的需求，这些激发了他们的野心，促进了他们的成就。因为他们相信自己很优秀，所以其信心十足，常常能在重大挫折后重新振作起来，比如克林顿。

克林顿还表现出这种模式一些令人讨厌的方面。其中一方面是感觉自己有权利用他人；另一方面是感觉自己坚不可摧，而这种感觉有可能妨碍其判断力。正是这种权利感和坚不可摧感的混合使得克林顿在被调查早期发生的不正当性行为时，不断拙劣地掩饰他与白宫实习生的性关系。如果你奇怪，他怎么会为了那么一点蝇头小利而冒如此大的风险，他怎么会那么粗心没有掩饰其行踪，那么对你解答这些问题有所帮助的是，你要认识到这类行为在自认为坚不可摧的自恋狂中并不罕见。因此，克林顿的自恋模式在很多方面都为其带来了优势，而其也具有明显的缺点。

奥巴马的人格与克林顿非常不同，他的人格不会让人想到“Top10”模式中的任何一个。尽管奥巴马像克林顿一样特殊，但他不具有权利感和坚不可摧感。虽然他不合群、喜欢独处，但并非淡漠孤立。尽管他有明确的目标和坚定的主张，但他乐意考虑其他替代选择，并会为其有争议的决定提供合理的辩解，而不只是盲目地相信自己是对的。他是冷静、低神经质的，因此他一点儿都不脆弱。我在奥巴马身上看不出任何可以被视作适应不良模式的表现。

关注模式不仅将我们的注意力从对特质的描述转向适应性的评估，它还为另一种判断搭设了舞台，那就是运用道德标准所进行的判断。适应性标准的基础是“我们对什么是有效的”进行观察，与其不同的是，道德标准受到“我们对什么是好、什么是坏”的直觉影响。道德评判如此引人注目的原因在于，诸如同情这样的积极情绪和诸如轻蔑这样的消极情绪赋予了其力量。在决定你对某人的看法的过程中，当你透过道德眼镜来观察时，你所得到的观察会变得非常清晰。

但有重要的一点要记住，这种道德眼镜也会受到我们所属的文化和亚文化的影响，这种文化差异显著影响了人们对巴拉克·奥巴马和比尔·克林顿不同的道德评价。有些政治亚文化的成员认为，他们中至少有一个在道德上是鼓舞人心的；而其他亚文化的成员则看不起奥巴马的冷漠超然和没有勇气，嘲笑克林顿明目张胆的行为不检和狡黠油滑。

这类道德观点通常是对人的某些特征作出的本能反应，它使我们喜欢或讨厌某人。但为了了解某人，我们需要通过系统地评价这个人的优秀品质和不良品质，从而认真思考应对其作出的本能反应。一个好的开始就是考虑如何从品质的三个方面来衡量这个人：自我指导、合作和自我超越。通过查看这个人在6种核心美德上的表现，我们可以充实对他的评价。这6种核心美德分别是节制、勇气、仁慈、公正、智慧和超然。

在进行有意识的道德评价时，我认为同样有必要留意相对于基于文化的标准以及对普适标准的依赖程度。我发现这些标准在评价克林顿和奥巴马品质上的优点与缺陷时很有用。现在，我邀请你在头脑中对他们进行道德评价。我意识到，自己持有的文化偏见会让我把注意力转向他们的人生故事时的思想变得更为开放。

我们探讨人生故事的过程就像打开了细节的水闸，在对相对抽象的倾向、模式和美德的考察中，这些细节会被忽视。正是在这些故事的背景中，我们能够吸收很多造成这些人具有独特性的特点。这些特点涉及生理特点，比如性别和外表；涉及社会经济因素、种族因素、宗教因素和文化因素；涉及家庭结构和教育机会；涉及好运或噩运。如果我们没有形成关于某人人格的暂时评价，接收如此大量的信息会让我们无从招架。用我描述的方式形成对某人人格的暂时评价后，我们就可以试着理解其他这些因素如何影响某人的身份认同感。

奥巴马和克林顿再一次成为很好的例子，因为他们在自传中讲述了很多自己的故事。在这些故事中，他们解释了自己在应对一系列挑战、机会和好运时所采取的思考方式。因此，我们通过读他们的自传可以获得有关他们个人传奇经历的很多线索。如果通过建立倾向、模式和道德品质的概况，你已经形成了对他们的暂时评价，那么阅读他们的自传会更有意义。

奥巴马和克林顿的故事有很多共同点。两人都是雄心勃勃、勇于冒险的妈妈的第一个孩子。两人和生父都没有什么来往：克林顿的生父在其出生前死于车祸；奥巴马的生父在其两岁时出走，后来也死于车祸。两人小时候都和祖父母或外祖父母一起生活过一段时间，他们都有继父，两个人都是在 40 岁中期当选总统的。

不过，他们形成的身份和所走的道路非常不同。克林顿在高中上到一半时就选择了政治生涯。他在自传中写道："在 16 岁的某个时刻，我决定要成为选举官员，进入公共服务领域。我知道自己在公共服务领域中会非常棒。"他 17 岁时作为阿肯色州（Arkansas）的代表来到白宫，参加一个向高中生介绍联邦政府的会议。他冲到队伍最前面，和肯尼迪总统合影。在乔治城上大学时，他在阿肯色州参议员富布赖特（Fulbright）的身边做实习生，从而在公共服务领域占有一席之地。从耶鲁法学院（Yale Law School）毕业一年后，28 岁的克林顿参加了国会竞选。他在 32 岁时当上了阿肯色州州长。

奥巴马用了更长的时间搞清"自己是谁"。他遇到的最大问题是自己是黑白混血儿，按他自己的说法就是，他是来自肯尼亚"黑得像沥青一样"的父亲和来自美国堪萨斯州"白得像牛奶一样"的母亲的儿子。奥巴马由白人外祖父母抚养长大，在夏威夷享有盛誉的普纳荷学校读书时，他认为自己明显的非洲出身跟班上的同学非常不一样。他花费很多青春时光用在"试图把自己打造成一个美国黑人”上。从哥伦比亚大学毕业并在纽约体验生活之后，他来到了芝加哥南部，将自己浸渍在非裔美国文化中，作为一名社区组织者努力实现社会公正，并建立起了自己的身份。

在芝加哥树立起明确的目标后，奥巴马准备通过就读哈佛大学法学院来实现这些目标。他甚至准备实现更高的目标，成功地被选为《哈佛法律评论》（*Harvard Law Review*）的主编。这些使其赢得了全国性的关注，并带来一本《我父亲的梦想》（*Dreams from My Father*）的书的合约。这为他的政治生涯打下了基础。奥巴马身上发生的其他一些事件已众所周知了。因为他具备的才智、教育程度、激励黑人和白人选民的能力，以及莉莎·芒迪（Liza Mundy）为其总结的“一系列幸运事件”，奥巴马跃居最高职位，在 47 岁时当选美国总统。

奥巴马和克林顿的故事的差异体现在其目标和所形成的身份上。克林顿的主要目标是利用他的好口才成为政治领袖，这个目标在他十几岁的时候就已经确立下来。他对被赞美比对具体的政治主张更感兴趣，他很容易在重要的问题上改变立场，这既给他带来了成功，也带来了谴责。逃过重大丑闻这一劫后，他再次成为众人瞩目的中心，享受着他渴求的名气。

相比之下，奥巴马对改变世界而不是众人的热情赞美更感兴趣。他提倡的引导性主题是把所有人都团结在一起，这显然与他个人具有相关性。正如他在《无畏的希望》（*The Audacity of Hope*）一书中告诉我们的：“我们正在变得更加相像，而不是更加不像。

我们的身份不断发生着混杂，然后再以新的方式凝聚。人们所持的信仰不断经过那些可预测的困境。肤浅的期望与简单的解释不断被颠覆。”奥巴马真正致力于这个愿景，他把自己 2008 年的当选看成是社会和谐和友爱团结进一步发展的证据。虽然他的努力受到了政治反对派的抑制，但他坚持自己的愿景。

很少有像克林顿和奥巴马这样经历丰富的故事，但每个人故事中的基本要素都是相同的。特质、天赋、价值、环境和运气构成了我们的故事，我们可以在每个人的人格整体评价中发现其作用。为了汇总出整体的评价，我认为遵循本章讨论的步骤很有用：

1. 记住我们共同的人性以及人格发展的方式；

2. 完成大五人格的简要描述，注意其突显出来的特点；

3. 寻找可能导致问题的模式；

4. 用普适的和基于文化的标准进行道德评价；

5. 倾听这个人的故事，将其与你的观察联系起来；

6. 将突出的部分整合成一种人格描述，其强调了你认为最重要的事。

通过遵循这些步骤，我的观察变得有序了。建立了总体看法后，接下来我会留意这个人在哪些情境会偏离其通常采取的方式。通过接收这个人不一致的信息，我可以丰富对他的评价和描述。我最终会得到对这个人的生动写照，它合并了我在一步步过程中添加的各个部分。一旦完成，我便会把它看成一个整体。虽然我总是解构这些评价和描述并为其加入一些重要的新信息，但可以在头脑中把它作为修订后的直觉来使用。它依然触手可及，可以随时被调用，并且现在还被加入了经系统化的、有意识的思考。

理解与改变

系统化地构建人格评价和描述不仅能帮助你了解一个人，而且有助于你更清晰地思考可能会提出的一个最重要的问题：这个人能改变吗？

这个问题的答案取决于你所关注的特征。大五人格倾向在人的成年早期便趋于稳定，到中年时则会变得更加稳定。在你形成了对某人倾向和模式的清晰看法后，最好假定你的这些看法会保持不变。

但我们受到文化强烈影响的价值观有时会发生很大改变。在稳定的传统文化中，这种改变不会像在开放的文化中发生得那么频繁，比如在鼓励个人尝试的当代美国。尽管人的很多尝试都发生在其青春期和成年早期，但一些在强调自主的亚文化中长大的人，后来会被强调社群和神性的亚文化所吸引，甚至可能“获得重生”。在宗教亚文化中长大的人可能会放弃宗教，而选择世俗的亚文化。

故事以及故事所表达的身份认同感也是可以改变的。发生的重要生活事件非常具有影响力，如结婚与离婚对人都具有重要影响。孩子出生或离开家独立生活都可能是其重要的转折点。找到一份好工作或失业都可能具有改变一个人的作用。在每种情况中，重大事件都会改变使人格保持稳定的环境因素，这让我们有机会再次思考“我们是谁”“我们打算何去何从”。心理治疗同样能够促使我们对个人叙述进行修改，治疗成功与否似乎也取决于它。因此，如果你长期关注某个人，你会发现其个人神话发生了一些改变。

但你最感兴趣的改变可能更为直接、更加个人化。你希望这些改变在与你关系亲密的人身上发生，并且会以你满意的方式来改变其日常行为。

如果你希望发生这样的改变，那么根据你从本书中学到的知识来重新思考它可能会有所帮助。你认为这个人现在令你讨厌的方面是什么？它是否符合你对其形成的整体人格描述？它是否与环境有关？它是否与文化有关？它是对特定环境因素的反映吗？你的行为是否引发了它？

提出这些问题的目的不是为了告诉你如何改变这个人，而是为了使你更好地理解其行为。这样做的目的是为了突显你赞赏和不赞赏的特征，有助于你在不同于已经了解的环境中认识这个人。

然而，在这个过程中，可能发生改变的是你选择与这个人交往的方式。尽管你在某一时刻与他人的关系是即兴的、随意的，但其有助于你判断对他 / 她的看法以及打算如何对待他 / 她。自发性固然重要，但做好准备会有所帮助。正如德怀特·艾森豪威尔（Dwight D. Eisenhower）所说：“在为战斗做准备时，我发现计划毫无用处，但它却是不可或缺的。”

最后，我们能够理解他人的最大价值超越了其存在的实用价值。我们很乐意了解他们与别人的差异以及他们的最终同一性。而且，我们乐意更充分地了解与我们共同生活的人。

实用总结

在本章中，我以比尔·克林顿和巴拉克·奥巴马为例，结合我在本书中介绍的四个角度说明了其价值。现在，我希望你对 P 某人也同样这么做。

为了创建对 P 某人人格的描述和评价，请仔细思考你对她有多少了解。

1. 倾向。P 某人的大五人格中是否有明显高于或低于平均值的倾向？如果是，其哪些倾向比较突出？ P 某人自己是否意识到这些差异，她对此感到骄傲、苦恼还是无所谓？你是否想在整体描述中强调它们？

2. 模式。P 某人是否表现出令你或令其他人讨厌的行为模式？如果是，它们是否类似于“Top10”模式中的一个或多个模式？她是否也觉得这些模式令人烦恼？其中有些令人讨厌的模式是否在你的整体描述中占主导地位？

3. 美德。P 某人的 6 种美德的排名如何？她通常是否在某些美德上排名很高或很低？你是否对其美德排名带有强烈的积极情感或消极情感，你是否想在描述中强调它们？你之所以产生强烈的情感是基于普适的标准，还是基于以文化为基础的标准？

4. 身份。P 某人给你讲过多少自己的个人故事？你是否认为她清楚地知道自己是谁、她主张什么以及她的目标是什么？你从别人那里获得了多少信息？你是否认为她看待自己的方式与你看待她的方式相同？你会如何总结她生活中出现的主要力量和关键事件？如果你必须给她指定一条座右铭，那会是什么？

实用总结

在思考了这些问题后，你可以把重要的部分汇总起来，从而描绘出 P 某人的典型特点。你会发现，最简单的做法是列举她突出的倾向、模式、美德，最后加上你在第 6 章结尾处针对其身份所写的内容。你会发现，将来自四个角度的重要部分混合后形成多维度的描述和评价会更加有趣。

最后，完成对 P 某人人格的描述后，请回答以下问题，将它与你在本书开篇时写下的描述进行比较：

1. 主要观点依然保持不变吗？或者你是否添加了一开始被你忽视的新的观察？

2. 这个系统提供了有条理的过程和定义明确的词汇表，这些是否有助于你组织安排来进行观察？

3. 使用这个系统是否增加了你对自己做出评价的信心？

4. 这个系统是否有助于你判断自己喜欢她人格的哪些方面，不喜欢哪些方面？

5. 这个系统使你与她更和谐了，还是更不和谐了？

6. 你是否发现了在与她交往的方式上想要做出的改变？

7. 你是否认为这些改变会对 P 某人与你的交往方式产生令人满意的影响？

我希望你对这些问题的回答能够体现出这个系统是有用的。如果是这样，以下是在日常生活中继续运用它的益处。

1. 这个系统能够补充你已经作出的评估。尽管你在评估人格方面已经很有经验了，但运用这个系统有助于你收集信息，并将其组织成更完整的描述。

2. 在初次邂逅时系统便开始发挥作用。为了充分利用这个系统，你需要对这个人有更多的了解。在偶然的社交会面中，它就开始

实用总结

发挥作用，立即建议你该查看什么。在有计划的初次会面中，比如在互相不认识的初次约会中，这个系统尤其具有价值，它帮助你留意那些需要日后细细思考的特征。

3. 有条理的练习会使这个系统变得更有效。为了更有效地运用这个系统，我们有必要像评估 P 某人那样不断对其他人作出详细的评估。起初，这些做法会显得单调乏味，但如果你继续有计划、有条理地这样做，那么选出重要部分并形成整体描述将会变得越来越容易。

4. 这个系统让你意识到自己存在的偏见。你总是透过自己的人格眼镜来对他人作出评价。通过这个系统获得的经验会让你有意识地增加对某些人格差异的态度，并有助于你形成更客观的观点。

5. 这个系统调节着你那些带有情感的判断。在作出评估时，这个系统有助于你保持客观、无偏见。但在收集数据的过程中，你会自然而然地产生道德情感，其反映了你的价值观。运用这个系统有助于你识别这些带有情感的判断，调节积极或消极的情感，增添一些有关你的偏好的见解。

6. 这个系统能指导经过认真思考的行动计划。运用这个系统还能帮助你找到建立积极人际关系的方法，管理或避免消极的人际关系。

结语

当开始阅读这本书时，你可能担心将人格分解成各个组成部分会使其失去活力，使你只见树木不见森林。当你读完这本书时，我希望我已经说服了你，使你相信掌握这个系统有助于你构建出对人格更生动的整体描述和评价。另外，如果你坚持采用这个系统，我相信你会发现这个过程变得越来越容易和自然。如果是这样，我希望你会发现，自己对遇到的每个人都有更加丰富的了解。

译者后记

与人交往可以说是每个人生活中最重要的部分，因此能充分了解与我们交往的人是我们的必备能力。如今，人们的交往虽然越来越网络化，但每个人依然在透过各式各样的屏幕揣摩着对方。你也许会说，这种能力是实践出来的，而且自己在看人方面的直觉非常准。

然而，没有正确理论指导的实践很可能会走弯路，甚至使你在错误的道路上越走越远。而人们的直觉必然会受到潜意识的影响，文化、环境、过去的经历、基因等都会影响潜意识，谁能保证自己的直觉是客观、无偏差的？因此，我们需要一个系统来校准、修正自己的实践和直觉。本书便提供了这样一个系统。

本书上一版的中文书名叫《人格解码》，我觉得这会引起读者的误解。因为人们对"人格"的通俗理解是性格、个性、特征诸如此类，但作者在本书中使用的是人格的广义概念，其中包括大五人格倾向、行为模式、人格障碍、品质、美德、身份认同和个人故事等。由此可以看出，作者提供的是一个全方面、多维度的系统。想一想，你的直觉和实践是否有这么全面？另外，无论是对大五人格倾向的评价，还是对品质美德的评价，都是基于对很多人测试结果的总结和常模，其具有一定程度的客观性。识人是一个系统工程作用后的结果，不要用直觉替代客观科学的评价。即使你不采用本书中介绍的系统，读过此书也能开阔你的思路，意识到需要从多个角度来了解一个人。本书引用了很多名人来举例，这不仅能引起读者的阅读兴趣，而且也方便读者将自己的分析与作者的分析进行比较，从而更好地掌握作者介绍的系统。

如果有兴趣，你可以用这本书中的内容来分析一下身边的人，相信你对他的了解会更客观、更充分、更全面。最后，感谢在翻译过程中给予我帮助的朋友们，谢谢崔楠、范彬彬、郭晓岩、何彦科、曹健涛、徐雨辰、赵丹和焦莹。

北京阅想时代文化发展有限责任公司为中国人民大学出版社有限公司下属的商业新知事业部，致力于经管类优秀出版物（外版书为主）的策划及出版，主要涉及经济管理、金融、投资理财、心理学、成功励志、生活等出版领域，下设“阅想·商业”“阅想·财富”“阅想·新知”“阅想·心理”“阅想·生活”以及“阅想·人文”等多条产品线，致力于为国内商业人士提供涵盖先进、前沿的管理理念和思想的专业类图书和趋势类图书，同时也为满足商业人士的内心诉求，打造一系列提倡心理和生活健康的心理学图书和生活管理类图书。

阅想·心理

《思辨与立场：生活中无处不在的批判性思维工具》

- 风靡全美的思维方法、国际公认的批判性思维权威大师的扛鼎之作。
- 带给你对人类思维最深刻的洞察和最佳思考。

《好奇心：保持对未知世界永不停息的热情》

- 《纽约时报》《华尔街日报》《华盛顿邮报》《图书馆期刊》《科学美国人》等众多媒体联合推荐。
- 一部关于成就人类强大适应力的好奇心简史，理清人类第四驱动力——好奇心的发展脉络，激发人类不断探索未知世界的热情。